U0348773

古今精品工程

GUJIN JINGPIN GONGCHENG

孙绍荣　张艳楠⊙编著

清华大学出版社
北 京

内 容 简 介

本书着重介绍古今中外著名精品工程,共分两篇,十三章。第一篇"古今精品工程概述",从工程管理的专业角度阐述有关工程、精品工程、工程思维、工程理念。第二篇"古今精品工程鉴赏",分别对宗教类、皇家园林类、民用类、墓葬类、水利类、交通类、科技类、产业类、环境类、体育类、军事类共计40个工程项目进行介绍。

本书既适合作为工程管理专业人士学习工程及工程管理的辅助性参考教材;也适合其他非工程管理专业人士作为科普读物阅读。

图书在版编目(CIP)数据

古今精品工程/孙绍荣,张艳楠编著.--北京:清华大学出版社,2014
(清华汇智文库)
ISBN 978-7-302-35314-0

Ⅰ.①古… Ⅱ.①孙…②张… Ⅲ.①建筑艺术—世界 Ⅳ.①TU-861

中国版本图书馆 CIP 数据核字(2014)第 022342 号

责任编辑:杜　星
封面设计:汉风唐韵
责任校对:王荣静
责任印制:王静怡

出版发行:清华大学出版社
　　　　　网　　址:http://www.tup.com.cn,http://www.wqbook.com
　　　　　地　　址:北京清华大学学研大厦 A 座　　邮　编:100084
　　　　　社总机:010-62770175　　　　　　　　　邮　购:010-62786544
　　　　　投稿与读者服务:010-62776969,c-service@tup.tsinghua.edu.cn
　　　　　质量反馈:010-62772015,zhiliang@tup.tsinghua.edu.cn
印　刷　者:三河市君旺印装厂
装　订　者:三河市新茂装订有限公司
经　　销:全国新华书店
开　　本:170mm×230mm　　印　张:13.75　　字　数:234 千字
版　　次:2014 年 5 月第 1 版　　　　　　　　印　次:2014 年 5 月第 1 次印刷
印　　数:1~3000
定　　价:48.00 元

产品编号:057252-01

前言
Foreword

在人类历史的漫漫长河中,曾经创造了无数的工程项目。这些工程项目,反映了各时期广大劳动人民的智慧与创造力,也反映了这些工程的组织者杰出的管理才能。记录与总结这些历史留给我们的宝贵财富,使人类文明的火炬能够承前启后,长燃不息,是当前工程管理领域的一项重要的历史任务。

时至当代,随着科学的进步和社会的不断发展,各种工程项目不断出现在世界的各个地区以及社会的各个领域,在社会进步中发挥着重要的作用,并逐渐成为地区经济繁荣的重要标志。工程项目的种类日益繁多,大至国防工程、航天工程、水利工程、交通运输工程,小至工矿企业、新产品开发等,均需要通过工程来完成。为了确保工程项目顺利进行,需要对整个工程活动的启动、实施、完成等各个环节进行控制。

本书是一本着重介绍古今中外著名的精品工程的图书,主要由两篇,共十三章组成。第一篇对古今精品工程进行相关知识概念的介绍。第二篇着重选取 40 个古今中外的精品工程项目进行介绍。

本书主要具有如下几方面特色。

1. 内容丰富

本书着重于对古今中外的精品工程进行介绍,共包含工程项目 40 个,并将工程项目划分为 11 个类别,即宗教类、皇家园林类、民用类、墓葬类、水利类、交通类、科技类、产业类、环境类、体育类、军事类,分别进行介绍。

在工程项目的选择方面,列入本书的工程项目均为具有一定历史地位,拥有一定特色、规模,并且具备一定设计与施工难度的工程项目。本书选取的工程项目95%以上均属于联合国教科文组织评定的"世界文化遗产",美国土木工程师学会

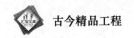

评出的"世界工程奇迹",或是"新中国成立 60 周年百项经典暨精品工程"。

2. 语言通俗

第一篇"古今精品工程概述",从工程管理的专业角度阐述有关工程、精品工程、工程思维、工程理念。第二篇"古今精品工程鉴赏",从各个不同类别的专业角度对每个工程项目进行全面的分析与介绍。

虽然,本书的立足点在于从专业角度对精品工程的相关理论和案例进行介绍分析,但是为了便于读者的理解,引起读者的兴趣,本书以深入浅出、通俗易懂的行文风格向读者讲解科学性的知识。

3. 受众广泛

本书既适合于工程管理专业人士作为一种学习工程及工程管理的辅助性参考教材,也因其广博的知识和深入浅出、通俗易懂的语言风格,适合于其他非工程管理专业的人士作为科普读物阅读。

本书可以作为工程项目教学与研究的案例类图书使用。在本书出版之前,作者已经出版了一本《工程管理学》的教材。希望能够为从事工程管理学研究的学者或者从事工程管理工作的同人等提供一些参考。

本书的出版得到上海市一流学科项目(S1201YLXK)以及 2013 年"上海市教育委员会大文科研究生学术新人培育计划"项目的资助。

孙绍荣　张艳楠

2013 年 10 月于上海

目录
Contents

第一篇　古今精品工程概述

第一章　工程与精品工程概述 ···································· 3
　第一节　工程的起源与发展 ································· 3
　　一、工程的起源 ·· 3
　　二、工程的发展 ·· 4
　第二节　工程的概念 ·· 7
　　一、工程概念的演化和界定 ·································· 7
　　二、工程的本质和工程活动的标志 ···························· 8
　　三、工程的基本特征 ·· 8
　第三节　精品工程 ··· 10
　　一、精品工程的概念 ·· 10
　　二、研究古今精品工程的目的 ································ 10
　　三、创建精品工程的现实意义 ································ 11

第二章　工程思维与工程理念 ································ 13
　第一节　工程与科学技术、产业的关系 ···················· 13
　　一、工程与科学技术 ·· 13
　　二、工程与产业 ·· 17
　第二节　工程思维 ··· 18
　　一、工程思维概述 ·· 18
　　二、工程系统分析方法 ······································ 20
　第三节　工程理念 ··· 22
　　一、工程理念的概念 ·· 22

二、工程理念的层次与范围 ……………………………………… 22

三、工程理念的发展过程 ………………………………………… 23

四、弘扬工程理念的意义 ………………………………………… 23

五、工程理念的内容 ……………………………………………… 24

第四节　工程的未来发展 ……………………………………… 30

一、工程的发展趋势 ……………………………………………… 30

二、培养工程人才 ………………………………………………… 32

第二篇　古今精品工程鉴赏

第三章　宗教类精品工程 …………………………………… 37

第一节　吴哥窟 ………………………………………………… 37

一、工程的基本介绍 ……………………………………………… 37

二、工程的结构布局 ……………………………………………… 37

三、工程的设计特点 ……………………………………………… 38

四、工程的材料选用 ……………………………………………… 39

五、工程的修复工作 ……………………………………………… 40

第二节　科隆大教堂 …………………………………………… 41

一、工程的基本介绍 ……………………………………………… 41

二、工程的修建目的 ……………………………………………… 41

三、工程的外观布局 ……………………………………………… 42

四、工程的内部结构 ……………………………………………… 42

五、工程的建造过程 ……………………………………………… 44

六、工程的后期保护 ……………………………………………… 45

第三节　敦煌莫高窟 …………………………………………… 45

一、工程的基本介绍 ……………………………………………… 45

二、工程的结构布局 ……………………………………………… 46

三、工程的主要洞窟 ……………………………………………… 46

四、工程的艺术特点 ……………………………………………… 47

五、工程的风格演变 ……………………………………………… 48

六、工程的破坏和保护 …………………………………………… 49

第四节　乐山大佛 ………………………………………… 49
　　一、工程的基本介绍 ……………………………………… 49
　　二、工程的结构布局 ……………………………………… 49
　　三、工程的设计特点 ……………………………………… 50

第四章　皇家园林类精品工程 …………………………… 52
　第一节　哈尔·萨夫列尼地下宫殿 …………………… 52
　　一、工程的基本介绍 ……………………………………… 52
　　二、工程的结构布局 ……………………………………… 53
　　三、工程的主要石屋 ……………………………………… 53
　第二节　凡尔赛宫 ……………………………………… 54
　　一、工程的基本介绍 ……………………………………… 54
　　二、工程的结构布局 ……………………………………… 54
　　三、工程的主要殿厅 ……………………………………… 55
　　四、工程的建筑问题 ……………………………………… 56
　第三节　北京故宫 ……………………………………… 56
　　一、工程的基本介绍 ……………………………………… 56
　　二、工程的结构布局 ……………………………………… 57
　　三、工程的设计特点 ……………………………………… 58
　　四、工程的主要宫殿 ……………………………………… 59
　　五、工程的建造过程 ……………………………………… 60

第五章　民用类精品工程 ………………………………… 61
　第一节　帝国大厦 ……………………………………… 61
　　一、工程的基本介绍 ……………………………………… 61
　　二、工程的结构布局 ……………………………………… 61
　　三、工程的施工过程 ……………………………………… 62
　　四、工程的主要用途 ……………………………………… 63
　　五、工程的后期维护 ……………………………………… 63
　第二节　加拿大国家电视塔 …………………………… 64
　　一、工程的基本介绍 ……………………………………… 64
　　二、工程的结构布局 ……………………………………… 64

三、工程的建造过程 ································ 66

第三节　流水别墅 ································ 67
一、工程的基本介绍 ································ 67
二、工程的结构布局 ································ 67
三、工程的设计特点 ································ 68

第四节　苏州园林 ································ 69
一、工程的基本介绍 ································ 69
二、工程的造园手法 ································ 69
三、工程的园林文化 ································ 70
四、工程的代表之作 ································ 71

第五节　福建土楼 ································ 74
一、工程的基本介绍 ································ 74
二、工程的历史演变 ································ 75
三、工程的结构布局 ································ 75
四、工程的建筑特色 ································ 77
五、工程的主要类型 ································ 77
六、工程的建筑过程 ································ 78

第六节　上海东方明珠广播电视塔 ·············· 79
一、工程的基本介绍 ································ 79
二、工程的结构布局 ································ 79
三、工程的建造过程 ································ 81

第六章　墓葬类精品工程 ···················· 83
第一节　古埃及金字塔 ························ 83
一、工程的基本介绍 ································ 83
二、工程的历史演变 ································ 84
三、工程的代表之作 ································ 84
四、工程的材料选用 ································ 86
五、工程的建造过程 ································ 87

第二节　泰姬·玛哈尔陵 ······················ 88
一、工程的基本介绍 ································ 88
二、工程的结构布局 ································ 88

三、工程的设计特点 ……………………………………………… 89

四、工程的建筑历史 ……………………………………………… 90

五、工程的后期保护 ……………………………………………… 90

第三节　秦始皇陵及兵马俑坑 …………………………………… 91

一、工程的基本介绍 ……………………………………………… 91

二、工程的结构布局 ……………………………………………… 91

三、工程的设计特点 ……………………………………………… 93

四、工程的建设过程 ……………………………………………… 94

五、工程的保护措施 ……………………………………………… 95

第七章　水利类精品工程 ……………………………………… 96

第一节　伊泰普大坝 ……………………………………………… 96

一、工程的基本介绍 ……………………………………………… 96

二、工程的结构布局 ……………………………………………… 97

三、工程的建造过程 ……………………………………………… 98

四、工程的环境影响 ……………………………………………… 98

第二节　都江堰 …………………………………………………… 100

一、工程的基本介绍 ……………………………………………… 100

二、工程的历史背景 ……………………………………………… 100

三、工程的设计理念 ……………………………………………… 101

四、工程的结构布局 ……………………………………………… 101

五、工程的修建过程 ……………………………………………… 101

第三节　引滦入津工程 …………………………………………… 103

一、工程的基本介绍 ……………………………………………… 103

二、工程的建设背景 ……………………………………………… 103

三、工程的结构布局 ……………………………………………… 104

四、工程的建设过程 ……………………………………………… 104

五、工程的历史意义 ……………………………………………… 105

第四节　长江三峡水利枢纽工程 ………………………………… 106

一、工程的基本介绍 ……………………………………………… 106

二、工程的结构布局 ……………………………………………… 106

三、工程的功能作用 ……………………………………………… 108

四、工程的建设情况 …………………………………………………… 109

第八章　交通类精品工程　　111

第一节　巴拿马运河 ………………………………………… 111
一、工程的基本介绍 ………………………………… 111
二、工程的结构布局 ………………………………… 112
三、工程的建造过程 ………………………………… 113
四、工程的管理维护 ………………………………… 114

第二节　金门大桥 …………………………………………… 114
一、工程的基本介绍 ………………………………… 114
二、工程的结构布局 ………………………………… 115
三、工程的建造维护 ………………………………… 116

第三节　英吉利海峡隧道 ………………………………… 116
一、工程的基本介绍 ………………………………… 116
二、工程的结构布局 ………………………………… 117
三、工程的历史背景 ………………………………… 118
四、工程的建造过程 ………………………………… 118
五、工程的项目特点 ………………………………… 120

第四节　赵州桥 ……………………………………………… 122
一、工程的基本介绍 ………………………………… 122
二、工程的结构布局 ………………………………… 122
三、工程的设计特点 ………………………………… 123
四、工程的建造过程 ………………………………… 124

第五节　京杭大运河 ……………………………………… 125
一、工程的基本介绍 ………………………………… 125
二、工程的结构布局 ………………………………… 126
三、工程的建造过程 ………………………………… 126
四、工程的现状 ……………………………………… 128

第六节　南京长江大桥 …………………………………… 129
一、工程的基本介绍 ………………………………… 129
二、工程的结构布局 ………………………………… 129
三、工程的建造过程 ………………………………… 130

第七节　青藏铁路 ……………………………………… 132
　　一、工程的基本介绍 ……………………………… 132
　　二、工程的结构布局 ……………………………… 132
　　三、工程的建造过程 ……………………………… 134
　　四、工程的建设方法 ……………………………… 135
　　五、工程的施工特点 ……………………………… 137

第九章　科技类精品工程 …………………………… 139
　第一节　第一台电子计算机 ………………………… 139
　　一、工程的基本介绍 ……………………………… 139
　　二、工程的发展历程 ……………………………… 139
　　三、工程的研制过程 ……………………………… 141
　　四、工程的后期发展 ……………………………… 142
　第二节　阿波罗计划 ………………………………… 143
　　一、工程的基本介绍 ……………………………… 143
　　二、工程的飞船概述 ……………………………… 144
　　三、工程的计划方案 ……………………………… 145
　　四、工程的各次任务 ……………………………… 147
　第三节　秦山核电站 ………………………………… 148
　　一、工程的基本介绍 ……………………………… 148
　　二、工程的结构布局 ……………………………… 148
　　三、工程的建造过程 ……………………………… 150
　第四节　西气东输 …………………………………… 151
　　一、工程的基本介绍 ……………………………… 151
　　二、工程的实施背景 ……………………………… 152
　　三、工程的结构布局 ……………………………… 153
　　四、工程的建造过程 ……………………………… 154

第十章　产业类精品工程 …………………………… 157
　第一节　长春第一汽车制造厂 ……………………… 157
　　一、工程的基本介绍 ……………………………… 157
　　二、工程的创建过程 ……………………………… 158

三、工程的历史成就 ···························· 159

四、工程的后期发展 ···························· 161

五、工程的经营现状 ···························· 162

    第二节　大庆油田 ································ 162

一、工程的基本介绍 ···························· 162

二、工程的结构布局 ···························· 163

三、工程的创建历程 ···························· 164

四、工程的先进技术 ···························· 166

五、工程的企业文化 ···························· 166

    第三节　上海宝钢工程 ···························· 167

一、工程的基本介绍 ···························· 167

二、工程的历史背景 ···························· 167

三、工程的创建过程 ···························· 169

四、工程的经营现状 ···························· 170

第十一章　环境类精品工程 ···························· 172

    第一节　荷兰北海保护工程 ···························· 172

一、工程的基本介绍 ···························· 172

二、工程的建造原因 ···························· 172

三、工程的结构布局 ···························· 173

四、工程的建造历程 ···························· 174

    第二节　三北防护林工程 ···························· 175

一、工程的基本介绍 ···························· 175

二、工程的地理历史 ···························· 176

三、工程的项目规划 ···························· 176

四、工程的发展历程 ···························· 177

五、工程的建设成就 ···························· 178

第十二章　体育类精品工程 ···························· 181

    第一节　国家体育场 ···························· 181

一、工程的基本介绍 ···························· 181

二、工程的结构布局 ···························· 182

三、工程的材料选用 ……………………… 183

四、工程的施工过程 ……………………… 183

五、工程的设计特点 ……………………… 185

第二节　国家游泳中心 ……………………… 187

一、工程的基本介绍 ……………………… 187

二、工程的设计理念 ……………………… 187

三、工程的结构布局 ……………………… 188

四、工程的设计特点 ……………………… 189

五、工程的材料选用 ……………………… 191

第十三章　军事类精品工程 ……………………… 192

第一节　AK-47 式突击步枪 ……………………… 192

一、工程的基本介绍 ……………………… 192

二、工程的结构特点 ……………………… 193

三、工程的基本规格 ……………………… 193

四、工程的主要系列 ……………………… 194

五、工程的研制过程 ……………………… 195

六、工程的不足之处 ……………………… 196

第二节　长城 ……………………… 197

一、工程的基本介绍 ……………………… 197

二、工程的结构布局 ……………………… 197

三、工程的建构方法 ……………………… 198

四、工程的军事意义 ……………………… 199

五、工程的主要代表 ……………………… 200

参考文献 ……………………… 202

第一篇　古今精品工程概述

第一章
工程与精品
工程概述

第一节　工程的起源与发展

一、工程的起源

在研究并学习古今精品工程时,第一个需要解决的问题就是工程起源的问题。因为一切工程活动都是人类智慧的结晶,并且人类在建造工程的过程中涉及各种工具的应用,所以工程的起源问题与人类的起源、工具的起源必然存在着千丝万缕的关系。

首先,工程起源于人类生存的需要,而人类的诞生时间大约是在250万年之前,因此工程的历史是非常悠久的。同时,考古界普遍认为劳动是区分人与猿的显著标志,所以工程活动是人之所以为人的重要依据。

其次,工程起源于人类对一切非自然生成的有用物的需要。因此,工程活动可以理解为通过使用工具建造非自然生成的有用物的活动。所以,工具的出现掀开了人类进行工程活动的新篇章。目前,考古界发现人类使用最早的工具为琢石,距

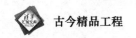

今约有 200 万年的历史。

在人类一切的需要中,最重要的是对生存的需要,具体而言是对住所的需要。因此,在工程发展的历史上,建造基础设施的土木工程是最早出现的工程。

二、工程的发展

从远古时期人类制造出的第一个工具到现如今屹立于世界的伟大建筑物,伴随着人类物质文明和精神文明的不断进步和发展,工程活动的发展历史同样是一个漫长、曲折、复杂,但又激动人心的过程。

(一)工程发展的历史阶段

1. 工程的原始时期

工程的原始时期指的是从人类制造使用石器工具到一万年前出现早期农业活动的一段时期。这个时期也被称作史前时代,在技术史分期中属于旧石器时代,在地质时代属于上新世晚期更新世。

在工程的原始时期,最主要的标志是发现并使用工具。早期的工具以打制石器为主,主要特点是简单、粗笨;中期时,人类已经开始使用骨器;到了晚期,工具的种类增多,出现了磨制工具,在功能上也更加方便。特别是人类可以将不同的工具进行简单的组合来适应变化的外部环境,例如弓箭、投矛器等。

在这个时期,工程活动的原材料主要是石头、木材、动物的骨、筋、腱等。工程活动的操作方法有敲打、撞击、截砍、捆绑等。此外,人类在工程的原始时期已经学会了使用明火和钻孔技术。而采矿(燧石矿)工程活动是这个时期的重要工程活动。

从人类的居住环境看,早期由于四季中植物的变换和动物的迁移,人类居无定所,主要以岩洞为栖身之处。中期,开始出现粗糙简陋(如帐篷型的和地下式的)的人造住所。到了后期,村庄逐渐出现。因此,建造居住场所同样是原始时期的人类的主要工程活动之一。

2. 工程的古代时期

工程的古代时期指从人类开始使用磨制石器到距今约两千至五千多年的一段

时期。这段时期也被称为新时期时代。

在这段时期中,出现了陶器、金属器具,尤其是青铜器、铁器。其中,伴随着人类生活的稳定和农业的发展,陶器作为一种贮存粮食的日常工具出现了。陶器制造过程的高温加工技术也日渐被人类所掌握。在此基础上,产生了金属工具,其主要的原材料有石头、木材、金属、黏土等。在公元前4000年—公元前3000年,出现了青铜器。其中,制造青铜器的工程活动涉及熔化和成型等工艺。后来,人类开始将分布广泛且容易获得的铁作为工具的原材料。在铁器时代,开始出现了大型的水利工程。

在工程的古代时期,因生产力的发展,一些大型的、具有特殊功能作用的工程开始出现,主要用于政治、宗教活动,并且其中一些工程融入了美学要素。

在这一时期,逐渐产生了工程设计、组织、施工等活动形式。工程的对象也扩展到冶金、农业、城市建设等多种领域,主要是机械工具、拱、路、桥、水车等,甚至是教堂、城堡等。

3. 工程的近代时期

以蒸汽机的发明和使用为标志的第一次产业革命是工程的近代时期,使人类开始进入工业时期。在这一工程时期,产生的工程主要有机械工程、采矿工程、纺织工程、结构工程等。

机械工程兴起于1650年前后,是一种复杂的系统生产技术工程体系。从最早的机械钟表到蒸汽机,形成了从动力机到工具机的转变。采矿工程开始于1700年左右,因为机器的广泛使用,使得采矿规模不断扩大。纺织工程出现在1730年前后,以蒸汽机为动力的纺织机使得纺织工业发生变革,最终导致纺织工程的出现。结构工程产生于1770年左右,其使用的材料涉及木、石、砖、泥以及金属。

4. 工程的现代时期

以电力革命为标志的第二次产业革命是工程的现代时期。在此期间,工程的类型、工程的方法发生了巨大的改变。

19世纪至20世纪初,是以冶金工程为代表的重工业时代。工程活动的对象主要有铁路、机器、桥梁、地铁、隧道、大坝、海轮、输油管等。

20世纪中叶,人类逐渐进入后工业时代。这一时期以计算机为主要标志,因而又被称作是信息时代。其主要工程有核工程、航天工程、生物工程、微电子工程、

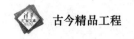

软件工程、新材料工程等。

进入 21 世纪以后,工程得以前所未有的发展。在这一特殊阶段,工程与科学的联系更加紧密,工程系统的内容和结构日益复杂,同时环境保护问题也是人类进行工程活动不得不需要考虑的问题。

(二)工程类型的历史演变

从原始时期、古代时期、近代时期再到现代时期,工程得到了长足的发展,工程类型也发生了深刻的改变。

1. 工程与科学的关系下的工程类型

古代的工程的建设主要依靠劳动者的经验,是一种比较单一的、简单的工程。而现代、当代的工程主要以科学理论、科学技术为指导,是一种复杂的、大型的现代工程。

2. 工程与技术的关系下的工程类型

从这个角度,伴随着生产力的提高,工程活动经历了手工时代、机械时代、自动化时代、智能化时代。其涉及的动力分别来自于人力、畜力、水力、蒸汽动力、电能、核能。具体地说,人类进行工程活动的方式依次为打磨、建造、制造、构造、重组再造。人类使用的材料分别是石器、陶器、青铜、钢铁、高分子、复合材料。工程活动的对象也从宏观物体向微观物体转变,从模糊时代向毫米时代、微米时代,甚至是纳米时代转变。

3. 工程与作业的关系下的工程类型

伴随着工程的不断进步和发展,工程的作业范围也得到了前所未有的扩展,经历了一段从地面工程到地下工程,再到如今的海洋工程、航空航天工程。

4. 工程与产业的关系下的工程类型

在漫长的历史过程中,工程活动分别经历了采集与渔猎产业工程时代、农业产业工程时代、工业产业工程时代、信息产业工程时代。

5. 工程与社会的关系下的工程类型

工程活动是在社会中产生、进行、发展的,因此工程活动与社会活动必然存在着密切的联系。从社会组织的角度,工程的发展主要为个体工程、简单协作工程、系统工程、大系统与超大系统工程五个阶段。从社会驱动的角度,驱动工程不断进步发展的因素日益多元化、复杂化。其驱动力主要是从维持生产转变为增加财富,从物质因素转变为精神因素。

第二节　工程的概念

作为一种基础性的社会活动,在研究工程项目时,首先需要对工程的概念、工程的本质以及工程的基本特征等有关内容进行深入的考察和分析。

一、工程概念的演化和界定

工程概念的界定是进行后续工程研究的基础和出发点。伴随着工程漫长的历史过程,工程的概念也经历了一系列的演化和发展。

在中国,工程起初主要是指土木构筑的建造活动;而在西方,工程最初指的是战争设施以及后期的民用设施的建造活动。

而在现代,不同领域的学者对工程的概念有着不同的理解。《辞海》中对工程的定义是:"将自然科学的原理应用到工农业生产部门中去而形成的各学科的总称";《现代汉语词典》对工程的界定是"土木建筑或其他生产、制造部门用比较大而复杂的设备来进行的工作,如土木工程、机械工程、化学工程、采矿工程、水利工程、航空工程";《自然辩证法百科全书》中对工程的解释是"把数学和科学技术知识应用于规划、研制、加工、试验和创制人工系统的活动和结果,有时又指关于这种活动的专门学科"。

因此,可以将工程的概念作如下的定义:工程指的是利用自然界的资源、借助

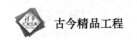

一定的设备技术,研究创造具有某种功能用途的产品。由此可见,工程是一种活动过程、一种实践,其目的是解决一种实际问题。而一项具体的工程活动涉及了专业知识、个人技能、工作人员等多个方面。

二、工程的本质和工程活动的标志

工程活动不仅包括工程实施的过程,也包括工程实施的结果。因此,作为一种具有某种目的性的实践,其涉及的内部技术要素和外部环境因素会产生相互的作用,最终影响工程活动的过程和结果。

因此,工程的本质是内部技术要素和外部环境要素的集成的统一。首先,工程的本质即为工程内外要素集成的方式、集成的条件、集成的模式、集成的规律,是工程的主要研究对象;其次,工程的本质所涉及的各个要素之间是相互联系、相互作用的统一体;再者,工程的状况取决于上述两种因素的发展水平。

通过一系列的工序,如确定目标、项目设计、制造实施、运行管理、取得收益等,工程活动的最终目的是产生一个新的事物,这同时也是工程活动的标志。

三、工程的基本特征

(一)工程的建构性和实践性

工程的建构性指的是通过设计、制造、建设等一系列过程创造一个新的事物。对于某项具体的工程,建构性除了包括新事物的客观存在的物质结构外,还涵盖了设计理念、管理方法、工程目标等主观内容,是客观与主观的综合性的统一。

工程的实践性指的是既包含了工程的实施过程,也涉及了工程后续的经营运行情况。并且,工程运营的最终效果,工程活动能否达到预期的目标,直接取决于前期的过程设计建造质量。

由此可见,工程的建构性和实践性相互影响、相互作用,二者具有辩证统一的关系。

(二)工程的集成性和创造性

工程的集成性是指工程设计建设实施的过程就是一个将不同的知识、理论、技术集成后输出的过程。其最终带来一定的经济效益和社会效益。

工程的创造性是指在工程实施的全部过程中应用创新性思维,创造出一个不同于旧事物的全新事物。并且,目前工程的创新性还集中表现为集成式的创新结构。

(三)工程的科学性和经验性

在当代,工程项目日趋复杂,因此任何一个工程都离不开科学的指导。工程实施的不同阶段需要以科学为依据,并且不同的阶段需要不同的科学知识,甚至是跨学科的交叉理论作根据。

需要指出的是,虽然科学是指导工程活动的核心要素,但却不能忽略经验对工程建设起到的重要补充作用。经验是不可言传的,同时也是随着科学技术的进步而不断发展的。

因此,工程的科学性和经验性是相互依存、相互转化、相互促进的辩证统一关系。

(四)工程的系统性和复杂性

工程的系统性指的是构成工程的各个要素之间相互联系、相互作用,共同组成一个统一的有机整体。同时,系统内部的各个要素都有自己独有的运动规律。

工程的系统性就决定了工程的复杂性。这种复杂性包括自然、人文以及社会在内的复杂性,是一种处于动态平衡的复杂。

(五)工程的效益性和风险性

工程项目是一个为了达到某一特定目标的活动,所以,所有的工程都具有效益性,包括经济效益和社会效益。如今环境问题日趋严重,因此还需要将工程的环境效益考虑在内。

然而,效益和风险总是并存的。工程的风险性主要有资金风险、安全风险、质量风险、能源危机等。这种风险的产生不仅仅是由于工程实施的组织或个人的主观原因,也来自技术水平限制的客观因素。

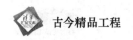

第三节　精品工程

一、精品工程的概念

"精"有精密、精细、精确、精制、精美的含义。"精品"指的是完美、没有瑕疵、精心创作的上乘作品。

对于精品工程的理解,可以分别从广义和狭义的角度理解。广义地说,精品工程就是一个创造完美的产品的过程。狭义地说,精品工程是指通过一系列的设计、建造、管理过程,综合运用科学知识和技能,创造出的具有内部品质和外部效果和谐统一的优良成品。

具体来说,精品工程的概念主要包括以下三个方面。

(1)工程必须是高水平设计的,即工程设计具有科学性和巧妙性。并且,工程必须是高水平施工的,其检验的标准主要是工程能否在当前条件下经受住时间以及自然灾害的考验。

(2)工程对社会、经济、环境都产生了较大的效益。

(3)工程需要经过时间的检验,因此,精品工程一般都具有悠久的历史。

二、研究古今精品工程的目的

(一)精品工程是历史的必然

精品工程是工程中的优良工程,是一个城市的代表作,也是一个国家和民族的历史标志。因此,构建精品工程不仅仅是工程质量的保证,也是工程功能用途得以不断延续的基础。

在当代,对于企业来说,创建精品工程同样可以赢得宝贵的社会声誉,对企业的长远发展起到重要的作用。

以精品工程作为工程项目的建造标准和实施目标,不仅可以在社会上营造一种良好的生产、生活氛围,也有利于提高生产力水平以及人民的生活水平。

（二）研究精品工程的目的

通过学习古今中外的精品工程，可以达到以下几个目的。

（1）通过分析研究精品工程，学习劳动人民的智慧以及敬业精神。

（2）通过精品工程的相关介绍，总结工程中涉及的科学技术与实践经验，达到为今所用的最终目的。

（3）精品工程可以成为人们旅游观光、进行职业道德教育的典型案例与场所。

三、创建精品工程的现实意义

（一）创建精品工程可以提高工程的质量水平

质量是工程建设的核心任务与目标，因而精品工程对项目的质量有着很高的要求。在创建精品工程的过程中，可以在全行业中树立标杆形象，从而推动一个地区的工程质量整体水平的提升。

（二）创建精品工程可以提高工程的技术水平

为了建设具有高质量水准的精品工程，工程的科学性是设计建造者不得不考虑的一个问题。伴随着科学技术的飞速发展，越来越多的先进理论、前沿技术可以运用到精品工程的建设中去，最终带动整个行业的技术水平的提高。

（三）创建精品工程可以提高工程的管理水平

精品工程是以质量为导向的，为了达到这一目标，需要一批具有高水平的管理人员对整个工程的实施过程进行有效的管理。因此，创建精品工程可以培养有关工作人员的管理能力，提高整个工程的管理水平。

（四）创建精品工程可以节约工程的成本

精品工程的一个显著优点就是因高质量带来的经久耐用。由于精品工程可以经受得住时间的考验，也可以经得起自然灾害的考验，所以可以大大减少工程后期的修理、维护成本，从而带来良好的经济效益和社会效益。

（五）创建精品工程可以形成优良的施工作风

为了达到创建精品工程的目标，工程施工团队必然会在施工方面对自身进行高标准要求。如坚持自查与改进相结合的工程项目检查制度，正确对待外界的工程项目检查人员提出的宝贵意见，经常进行同行业之间的观摩学习，吸取他人的经验优点，做到取长补短。

（六）创建精品工程可以带来经济效益、社会效益、环境效益

在创建精品工程的过程中，工程的质量、技术、管理水平都可以得到有效的提升，工程的成本得到有效的控制，并可以在整个行业内形成良好的工作作风，成为全行业学习的典范。因此，精品工程带来的经济效益和社会效益是不言而喻的。此外，高质量、高水准的精品工程在设计建造过程中，会制定相应的严格的制度确保对周围的环境不会产生破坏。例如，降低施工噪声，控制污染，加强对有害废弃物的处理能力，使用环保的新型材料等。

第二章
工程思维与工程理念

第一节　工程与科学技术、产业的关系

一、工程与科学技术

事实上，工程、科学、技术各自具有不同的性质、特征和本质，因而三者是三种不同类型的行为活动。虽然三者之间存在区别，但同时也具有内在的相互关联。一项工程的设计、施工、运行必然受到其所在历史条件下的科学、技术水平的限制而无法逾越；反过来，科学、技术的快速发展必然会对某项工程的性质、规模、用途产生深远的影响，促进其不断发生变革。总而言之，工程与科学、技术三者之间存在着辩证统一的关系。

因此，立足当今科学、技术的发展水平，能够开展一系列工程活动。同时，通过不断地改革创新，可以达到不断促进科学、技术进步，不断提高工程水平的重要现实意义。

（一）工程与科学

1. 科学的含义与特点

科学，本质上指的是某种知识或学问。具体而言，科学既是一种理论化、符合

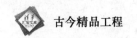

逻辑的知识体系,也是一种探索世界、认识真理的实践活动。

概括地说,科学的突出特点和集中体现是"探索发现"。从科学与生活常识、日常经验的区别来看,科学具有"精确性"、"解释性"以及"目的性"三个特征。从科学的活动过程来说,因一个完整的科学过程主要涉及主体、客体和工具三者之间的相互作用,所以科学具有独立于人的"客观性"与不断继承变革的"发展性"两个特点。

2. 科学与工程的关系

1) 科学是工程的理论基础

工程是一种物质存在,而科学则是一种知识形态。因此,从表面上看,二者并不具有直接的联系,科学似乎无法直接构成工程。实际上,科学是工程活动得以进行的基本要素,是工程的理论基础,也是开展工程必须遵守的原则。

因此,无论是工程的整体,还是工程过程的某一具体环节,都必须以科学为指导,符合科学理论的基本规律。历史实践证明,凡是与科学相违背的工程都无法避免失败的命运。

2) 科学是"探索发现",工程是"集成建造"

虽然,一项工程的顺利完成代表着一个新鲜事物的诞生,但是,构成某项具体工程的基本要素却是已经存在的,并蕴含一定的科学理论。从这一角度来说,科学是独立于人的意识而存在的,工程是通过一系列的集成过程而建造的。因此,科学是一种"探索发现",工程则是一种"集成建造"。

作为一种集成建造,工程活动的进行必然需要符合一定的科学规律。所以,科学对工程的发展具有积极的促进作用;反之,开展工程活动的过程中出现的新问题、新思路,又会对科学的进步带来正向的影响。正是二者之间的这种双向作用,使得科学、工程始终处于一种动态的变化发展之中。

总而言之,具有"探索发现"特点的科学与具有"集成建造"特点的工程,二者既相互独立,又相互作用,共同构成了一种辩证统一的关系。

3. 工程科学

随着科学与工程的联系越来越密切,工程活动越来越复杂,人们在自然科学的基础上分离形成了"工程科学"。工程科学指的是以自然科学中的基础科学为基础,将基础科学与工程技术联系起来而逐渐形成的。与基础科学相比,工程科学具有较强的实践性和特殊性,而抽象性和普遍性较弱。因此,工程科学具有系统科学的特点,是一种复杂的科学,也是一种多学科交叉的综合性科学。

目前,工程科学主要包括系统集成性理论、协同性理论、最优化理论、权衡选择理论以及开放耗散理论。

(二)工程与技术

1. 技术的含义与特点

技术指的是通过运用科学的知识理论,在实践活动中形成的方法、工艺、技能的总和。

通常而言,技术主要由三个方面组成,即操作形态、实物形态、知识形态。其中,操作形态指的是主体掌握的、应用于实际操作的主观技术,包括手艺、经验、智能、技能、方法等。实物形态指的是技术得以实现的客观存在与物质手段,例如工具、机器等。知识形态指的是在科学的基础上发展而成的一种新的体系结构。其中,实物形态是技术最直观、最生动的体现;知识形态是技术的基本组成部分。

因此,作为一种利用科学规律、改造自然的方式,技术具有双重属性,即自然属性和社会属性。技术的自然属性指的是任何技术均遵循科学的规律;技术的社会属性指的是技术的产生、应用、发展都要受到社会的具体限制。

2. 技术与工程的关系

相比较于科学而言,脱胎于科学的技术与工程之间具有更为密切的联系。在时间上,三者之间存在着"科学—技术—工程"的递进发展规律。

1)技术是工程的基本要素

对于技术而言,工程是将多种不同的技术,即核心技术与支撑技术,进行有序地集成建造的结果。因此,技术是工程的基本要素,技术存在于物化的工程活动中。

作为工程的基本组成要素,技术具有个别性、多样性以及不可分割性的特点。构成工程的多种不同技术要素之间是一种相互独立、相互联系的关系。每一种技术要素都具有各自的特点和作用,对整体具有不可或缺的作用,并处于相对静止的不断发展过程中。多种技术要素之间的这种相互独立、影响、变化、发展的关系,共同构成了工程的统一整体。

在某一项具体的工程活动中,可以进行多种技术选择方案。但需要切实考虑所处的时代背景、技术发展的水平以及技术本身的特质。通过一定的对比取舍,达到对技术要素进行优化组合,并形成工程整体的最终目的。目前,工程主要朝着单一化和集成化两个方向发展。单一化指的是工程逐渐发展成为单一的技术;而集成化指的是工程由数量众多、功能强大的技术集成而来。

2)工程是技术的优化集成

工程的技术优化集成,一方面是指构成工程的技术要素之间存在核心技术与辅助技术的主次之分;另一方面是指技术的集成过程是一种有序地系统组织过程。因此,这种由优化集成的技术构成的工程具有整体的统一性、要素的协调性以及相对的稳定性三个主要特点。

工程是技术的优化集成,还包括在工程活动中对技术这一基本要素进行相应的创新、改造和发明。即通过不断变化发展的技术,达到促进完善工程活动的目的。

值得注意的是,工程是技术的优化集成不是说工程就是技术本身。工程的进行不仅包含了自身所需的技术要素,还涉及其他相关的非技术要素,如经济要素、政治要素、文化要素、环境要素等。所以,工程是自然科学、社会科学与人文科学的综合产物。

3)工程是技术由知识形态向物质形态转化的过程

从本质上说,技术是一种能力体系,工程则是将这种能力体系转化为现实的过程。因此,工程是技术由知识形态向物质形态转化的过程。

3. 工程技术

工程技术是一个完整的概念,并无严格区分工程与技术的边界。即工程技术指的是某一特定具体的工程中使用的技术集合以及与工程相关联的技术集合的统称。

与作为工程集成理论状态的工程科学相比,工程技术更侧重于工程集成建构活动的展开与进行。虽然工程技术与工程科学具有一定的区别,但是二者之间也存在着某种关联。二者日益密切的联系,使得工程技术和工程科学相互影响,互为指导。目前,工程技术向着科学化的方向逐渐发展,而工程科学也日趋技术化。通过一定的科学理论,将已有的技术转化为相应的技术科学,并形成系统化、理论化的技术科学体系,再反过来完善提高已有的技术。科学、技术、工程三者相互作用,相互促进,共同完善和发展。

二、工程与产业

(一)产业的相关概念

概括地说,产业是一种社会经济的表现形式。而产业形态指的是某种行业的专业生产与社会服务的总和。产业生产活动是指同类工程的活动过程、运行效果与投入产出,其目标是经济效益和社会效益。

(二)产业与工程的关系

1. 工程是产业的物质基础

目前,作为现代社会生产实践活动的主要内容,工程早已成为国家产业发展的基本形式,是产业得以发展的物质基础。

首先,产业类型与工程分类具有相关一致性。一般大型工程活动,如土木工程、化工工程等,均形成了相关的产业。而某些新兴的工程项目则成为了推动产业形成与发展的基本条件。其次,工程的建造和运营构成了产业的表现形式。因此,工程的质量、规模以及水平从侧面反映着产业的发展程度。再者,工程的结果会对产业的格局产生深远的影响。一般而言,工程的施工建设可以推动区域产业结构的快速发展。

2. 产业是标准化、可重复性的工程活动

工程活动是一种富有创造性的集成活动。与工程活动不同,产业的本质特征是标准化与可重复性,以达到获取经济效益和社会效益的目的。即通过标准化提高生产效率,通过可重复性不间断地持续生产。在当代,产业的标准化与可重复性的重要体现,就是具有固定生产模式的生产线。

在产业的本质特征中,标准化处于核心地位,也是产业可重复性得以实现的基础。在现代化大生产过程中,标准化对促进科学技术发展与产业进步有着极其重要的作用。需要注意的是,某一具体标准的产生是在实践中产生的,而非一种自然存在。

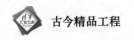

第二节　工　程　思　维

一、工程思维概述

(一)含义

作为一种人类独有的复杂而又神奇的现象,思维方式主要包括思维内容和思维形式。根据人类在不同的实践活动中具有相对应的各种思维方式,可以将思维方式分为工程思维、科学技术思维、艺术思维等多种类型。

作为人类社会活动中最为基础、最为常见的实践活动,人们在工程活动中,既进行了一定的体力劳动,也进行着相应的思维活动,体现了各种不同的思想、情感、意识、价值观。因此,工程思维是一种极其重要的思维方式,提高工程思维的思维水平与自觉性,有助于促进工程的开展与顺利进行。

与科学技术思维的反映性、艺术思维的想象性不同,工程思维具有一定的创造性,体现的是一种设计与实践。在工程思维的指导与影响下,人类将不存在的事物变为现实,并积极主动地改变世界。

对于工程来说,参与某一具体工程的人就构成了工程思维的主体。一般而言,工程思维的主体主要包括工程师、管理者、企业家与工人。

(二)性质

1. 科学性

工程思维的科学性指的是,一方面工程思维是以科学理论为指导,另一方面当代科学技术的发展水平对工程思维也起到了一定的限制作用。合理把握工程思维的科学性,可以准确地确定工程活动的范围,有效避免无法逾越的障碍。

需要指出的是,工程思维的科学性与科学思维是两个不同的概念。严格地说,二者具有以下几点区别。首先,工程思维以创造价值为导向,而科学思维则是以发现真理为导向。其次,工程思维是一种具体到某一项目的"殊相"思维,而科学思维是一种具有普遍性的"共相"思维。

2. 逻辑性

工程是一种有序的实践活动。因此,无论是工程活动的整体设计,还是工程活动的具体环节,都处处体现着逻辑性的特点,并且这种逻辑性更强调在工程活动中,处理矛盾时所坚持的"协调、权衡"的观点。

3. 运筹性

工程就是一种运用各种工具、设备、方法手段,合理实现某一具体目标的过程。

随着社会的进步和科学的发展,人类面临着各种各样具有不同性质、用途的工具、设备以及方法手段,如何进行择优选择,就集中体现了工程思维的运筹性特点。

4. 集成性

因为从本质上来说,工程活动就是一种集成过程,是一种将技术因素与非技术因素,如经济因素、政治因素、文化因素等,进行集成的过程。因此,与工程实践相对应的工程思维也具有明显的集成性的特点。

5. 艺术性

工程思维的艺术性主要指的是狭义上的艺术观感,也包括广义上工程的设计个性。因此,工程思维的艺术性来自于对工程问题求解的非唯一性。

6. 不确定性

从客观的角度来说,工程活动的过程存在着一定的风险性因素;从主观的角度来说,人类的认知也存在着一定的偏差。因此,工程思维具有不确定性的特点。

为了有效减少甚至避免工程思维出现偏差,需要对工程活动外部条件和个人认知保持清醒的认识,提高风险防范意识。努力提高专业水平,加强对工程"容错性"的研究,可以有效提升工程思维以及工程活动的可靠性。

(三)工程的价值与意志

在工程思维中,除了具有较强的理性思维特点与逻辑性知识内容外,还具有一定的价值目标和意志因素。并且这种价值目标和意志因素在工程思维中,起到了

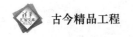

关键的核心作用。

对于工程而言,获取价值是工程进行的目的。这种价值涵盖了社会价值、经济价值、美学价值、生态价值等,并涉及价值目标的进一步完善与优化。因此,工程是以价值目标为导向的。

在工程进行的过程中,需要较强的意志因素来保证整个工程活动的顺利进行。在涉及工程决策、执行的具体环节,更是意志因素的集中体现。坚强的意志,可以克服工程中遇到的困难,从而保证工程的顺利进行。

二、工程系统分析方法

(一)基本原理

工程系统分析指的是将整个工程看作是一个系统,应用多种方法对工程系统进行全方面的定性分析与定量分析,并作出最优的工程方案。在工程系统分析的过程中,运用到的方法主要包括预测、建模、优化、仿真、比较与评价等技术手段。

工程系统分析主要包括六个基本要素,分别是问题、目标、方案、模型、评价以及决策者。在针对某一具体工程的分析过程中,需要对以上六个要素进行全面的分析与研究,以保证所做决策的正确性。

根据工程系统分析包括的基本要素,可以概括归纳出工程系统分析的步骤依次为:认识问题、确定目标、综合方案、构建模型、优化仿真、系统评价、做出决策。在工程系统分析的每个阶段,都包括对上一环节的反馈与修正,以确保整个分析过程的合理性、完整性、正确性。

(二)分析原则

在整个工程系统分析方法的过程中,需要坚持的基本分析原则主要是,以问题为导向、维持系统的动态平衡、坚持反馈与控制、适时地替代与转化、确保工程的有序与协调。

(三)主要方法

工程系统分析方法主要分为系统规范分析方法、工程系统设计方法、综合创造性技术以及系统图表法四种类型。

1. 系统规范分析方法

系统规范分析方法主要是通过构建多种模型获取最优方案,是一种定性分析与定量分析相结合的分析方法。主要包括系统优化、系统仿真和系统评价。

系统优化是为了获取最优方案而提出的各种求解方法,例如解析法、数值计算法、网络化优化法等。这种方法在工程中主要应用于最优设计、最优计划、最优管理和最优控制等多个领域。系统仿真,又被称为系统模拟,是通过建立模型、进行仿真实验,模拟工程的实际过程。这种方法特别适用于耗资巨大、危险系数高等特殊工程情况。系统评价是以工程目标为基础,从经济、技术、社会、环境等多个层面对工程方案进行评价,并作出正确的选择。主要涉及对主体、对象、目的、时间、地点的评价,具体方法主要有评分法、层次分析法、关联矩阵法、模糊综合评判法和数据包络分析法等。

2. 工程系统设计方法

工程系统设计方法指的是综合运用科学技术与实践经验,按照系统思想和优化要求,达到以集成方式设计出满足目标的工程系统。与系统规范分析方法相比,工程系统设计方法侧重于解决工程的设计问题。在具体的设计方法中,需要着重考虑工程系统的功能、输入与输出、程序与层次、媒介、环境。

工程系统设计方法主要包括归纳法和演绎法。归纳法是从一般到普遍的过程,而演绎法则正好相反。一般而言,在具体的工程中,以上两种方法是综合使用的。

3. 综合创造性技术

进行工程活动的过程就是一种不断探索、不断创新的过程。目前,比较常用的创造性技术主要包括列举法、检核表法、情景分析法以及头脑风暴法。

作为一种新兴的创造性技术,情景分析法产生于不确定因素日益增加的现代社会,主要应用于对工程环境的现状与未来进行针对性的分析。因此,情景分析法指的是基于专家分析,对未来可能的情景进行合理的推断与描述。在这个过程中,既要综合考虑正常因素的影响,又要把非正常的特殊情形考虑在内,以达到全面分析的目的。总地来说,情景分析法是一种具有灵活性、综合性、功能性的创造性技术方法,在现代工程以及工程管理中拥有广泛的应用前景。

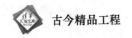

4. 系统图表法

系统图表法主要是一种结构模型化方法,通常应用在工程的规划以及复杂问题的分析过程中,具有简洁、直观性强等优点。

一般来说,系统图表法主要包括问题分析图表法和活动规划图表法两个类型。其中,在问题分析图表中广泛应用的主要是关联树图和矩阵表,此外还包括特征因素图、解释结构模型、成组因素综合关系图等;在活动规划图表中广泛应用的是流程图,此外还有甘特表、工作分配表等。

第三节 工程理念

一、工程理念的概念

简单地说,工程理念是人类对于如何进行造物活动的理念,是对工程活动的总体性理解与认识,也是一种理想性的追求过程。即人类自身通过发挥主观能动性,有目的、有计划地进行物质创造活动的相关理念的总和。概括地说,工程理念是一种哲学概念,是理想与现实的辩证统一,其来源于客观世界,但以主观意识为主要表现形式。工程理念是在长期的社会实践过程中逐渐形成的一种概括,一种升华。

任何一项工程都是在一定的工程理念的指导下完成的。作为一种指导因素,工程理念的产生先于工程的建设,也早于整个工程的设计。在整个工程活动中,工程理念处于根本地位,在工程中发挥着关键的影响作用。工程理念贯穿于工程活动的始终,渗透在工程活动的各个环节。

因此,工程理念主要侧重于工程的基本方向与指导原则的把握,并随着社会的不断发展而不断完善与提升。

二、工程理念的层次与范围

工程理念作为一种归纳概括性的概念,同样在纵向方面上具有层次的问题,在横向方面上具有范围问题。即灵活地将不同的工程理念,根据所属的层次与范围进行合理划分。正是这种具有相互联系、相互作用的"层次"与"范围"上的具体工程理念,构成了具有总体性的、概括性的工程理念。

值得注意的是,任何层次与范围上工程理念的形成都需要经过长时间的实践活动和思考总结。因此,工程理念的形成来自于各个维度上具体、详细的理念,而非一蹴而就的。

三、工程理念的发展过程

工程理念产生于人类的社会实践活动,并伴随着实践的发展、社会的进步而不断地进行创新、完善与提升。

在古代,低下的社会生产力使得人们无法与变化无常的自然相抗争。因此,"因循守旧"的思想理念居于主导地位,并严重阻碍了科学技术的发展与社会的进步。在近代,伴随着社会生产力的提高,"征服自然"的理念逐渐取代之前无所作为的思想,整个社会面貌也在这种全新理念的影响下发生着翻天覆地的变化。

但是值得注意的是,存在于古代与近代的两个工程理念,因历史自身的局限性,都不可避免地造成了二者的自身缺陷。"因循守旧"低估了人类的能力;而"征服自然"的工程理念则是高估了人类的主观能动性,在其给人类社会带来积极影响的同时,也带来了深刻的甚至是不可逆转的负面影响,最突出的便是环境的破坏与污染问题。

实际上,工程并非人类改造自然的工具,而是一种实现人与自然和谐相处的有效途径。因此在当代,总结古代与近代社会实践发展过程中产生的工程理念的正反经验教训,人类开始逐渐提出了"构建和谐自然,构建和谐社会"的工程理念。实践证明,这种全新的工程理念适应了历史的发展规律,是一种正确的工程理念。

四、弘扬工程理念的意义

工程理念在工程活动中具有十分重要的意义。首先,工程理念是对工程的整体认识,是一种理想追求。其次,工程理念是一切工程活动的出发点,并贯穿整个工程的过程。再者,工程理念作为一种理性认识,对工程活动的各个环节都产生了重要的影响,决定了整个工程的质量。

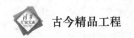

随着科学技术的进步和社会的快速发展,目前工程的规模越来越大,复杂化程度也越来越高。"人、自然、社会和谐发展"的工程理念逐渐受到越来越多的关注,也越来越多地被应用到目前的工程活动中。

为了达到大力弘扬新的历史时代背景中的工程理念,首先需要做到以人为本,这是一切工程的出发点。同时,要充分根据具体的工程实践内容,提出具有适应性、相关性的工程理念。此外,要注重工程思想在工程行为中的落实问题。

在弘扬工程理念的过程中,尤为注意的是培养相关的工程人才,特别是培养具有全新工程理念的人才。这种新型工程人才,兼具科技素养和文化内涵,敢担当、大胆创新、开拓进取,有利于工程活动的顺利开展。

五、工程理念的内容

(一)系统观

工程是一个由要素构成的系统,并且是一个不断变化发展的动态系统。工程理念中的工程系统观不仅要求对各个组成要素进行研究,更要对整个工程构成的系统做出一个全面深入的分析。

1. 含义

简单地说,工程系统指的是由人力、资金、设备、技术、信息等要素组成的,具有独立目标和集成功能,并受到外界环境影响的一个有机整体。

工程系统化是一种工程理念的发展趋势,主要表现为组成要素众多、规模庞大、结构关系复杂、受到多种外界环境的影响等。因此,学习系统的思想与理论,掌握系统的方法和技术,是工程理念对工程系统观的主要要求。

2. 工程系统

一般来说,工程系统主要由物质要素、技法要素、人力要素与管理要素所组成。其中,物质要素主要指的是物料、工具、设施等。而技法、人力以及管理要素属于非物质要素的范畴。技法要素包括知识、技术、方法;人力要素指的是具有科学技术与实践经验的人才;管理要素则涉及工程活动各个环节的设计、组织协调以及控制等管理活动。

如果将工程看作是一个系统,工程系统具有整体性、动态性、复杂性、普遍性、开放性、目的性、战略性以及人本性等特点。其中,整体性是工程系统的核心特征。

在整个工程系统中,工程过程居于核心地位,工程战略位于第一层次,工程技术、工程管理为第二层次,工程支持系统则为第三层次。以达到满足工程系统的功能要求、积极有效地开展工程活动的最终目的。

目前,工程系统已经进入快速发展的过程。原本具有简单结构、静态结构、层次结构、显性结构的工程系统,逐渐发展成为具有复杂系统、动态结构、网络结构、隐性结构的工程系统。

3. 内外环境对工程系统的影响

在工程系统观中,不得不充分考虑内外界环境对工程系统的影响。环境的影响是客观存在的,也普遍存在于各个工程系统中。

工程系统环境包括系统内部环境与系统外部环境,主要涉及自然、经济、社会、技术等多个方面,具有广泛性、多样性以及不确定性的特点。

因此,积极营造工程系统的环境,尤其是着力改善系统的内部环境,可以较好地实现工程系统的目标。

4. 系统观的发展趋势

随着社会的发展和科技的进步,工程系统观也得到了十足的发展。

复杂工程系统是一种吸收社会、地理、人体等多重系统的特性,用于解决复杂工程问题的全新工程系统研究。在这种新型的工程系统观中,主要运用定性与定量研究,将规范性与创新性进行有机的结合,进行微观、中观、宏观以及人机结合的研究。

此外,在最新的研究进展中,工程系统将与自然系统和社会系统进行紧密的结合,以实现三者协调发展。因此,应充分把握工程与自然、社会的关系,节约资源、提高效能、保护生态,以达到发展社会、构建环境友好社会的目的。

(二)社会观

1. 工程的双重属性

工程作为一种有计划、有目的的社会实践,同时具有自然属性和社会属性。

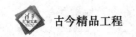

一般而言,工程活动以自然环境为背景,以自然界中的事物为对象。在工程活动进行的过程中,一切方法和手段都是遵循自然规律的。并且,工程活动的目的是更好地适应自然和改造自然。因此,工程具有明显的自然属性。从另一个方面讲,参与整个工程活动的主体是具有一定的社会性的,所以在工程活动的各个环节都或多或少地渗透着社会因素,整个工程也充分体现了社会属性。

2. 工程的社会性

具体来说,工程的社会属性体现在经济、政治、文化、生态、伦理等多个不同的领域范围。

首先,工程的目标具有一定的社会性。工程目标的社会性指的是工程活动所产生的社会效益。实际上,工程的目标中都包含一定的经济因素,这种经济因素是工程目标社会性实现的基础,二者具有正向或者反向的相关性。

其次,工程的活动具有一定的社会性,这也是工程的本质体现。一项具体的工程项目包括一系列的活动环节,每个活动环节都是由具有不同知识、技术、能力,承担不同责任的工程人员所控制与协调的。因此,工程是由投资者、管理者、工程师、工人等多种类型的社会人所组成的,进行各种不同社会活动的集合。并且,整个工程置身于庞大的社会背景中,社会为工程活动的进行提供了丰富的社会资源。同时,工程活动的开展也需要遵守相应的社会规则。

再者,工程的评价具有一定的社会性。工程评价包含对工程目标的实现情况、工程项目的完成进展以及工程活动对社会的影响程度等多方面全方位的评价。工程评价的社会性则主要指的是评价标准的科学性、评价程序的合理性以及评价主体的独立性。在确保以上三者的情况下,可以在一定程度上保证对工程评价的客观与完整。

3. 工程的社会功能

工程的社会功能主要体现在以下几个方面:第一,工程是社会存在与发展的物质基础,从而满足人类生活的基本需求并提高人类的生活水平。第二,工程是社会的直接生产力,促进了社会结构的完善与发展。第三,工程体现了一定的文化内涵,是社会文化传播的有效媒介。

值得注意的是,工程在为社会的进步与发展做出卓越贡献的同时,也给社会带来了一些负面的不良影响,诸如环境问题、安全问题、伦理问题等。虽然工程对人类社会的负面影响具有一定的历史必然性,无法从根本上完全避免,但也绝不能对此听之任之。及时调整工程目标、建立完备的信息系统、寻求多方支持、优化工程环节、合理地评估过程等措施,可以大大降低工程的社会负面效应。

4. 社会公众与工程的关系

工程是具有一定的社会属性的,也具有一定的社会功能,并对社会产生一定的影响。所以,作为社会主体的工程活动参与者,不仅包括工程设计与建设人员,也应当包括社会公众。

社会公众享有对工程项目的知情权。即社会公众有权利了解工程概况、工程所涉及的科学技术以及工程对社会的影响作用。在享有知情权的基础上,社会公众还具有工程的参与权。这样不仅为工程的建设提供了广泛的智力支持,也权衡了社会的多方利益。并且,这种参与权也包含社会公众对工程进行监督的权利,可以为工程建立良好的监督约束机制,有利于促进工程的良性发展。因此,工程与社会公众之间具有紧密的联系,这也充分体现了社会民主的原则。

(三)生态观

1. 生态问题的出现

工程活动的进行与自然环境有着密切的联系。长久以来,人类一直坚持通过开展工程活动达到改造自然甚至是征服大自然的目的。20 世纪之后,这种传统的工程理念开始逐渐显露出片面性,环境问题开始严重影响并直接制约了社会的可持续发展。

具体来说,社会生产的单向性与自然环境的循环性、科学技术的机械性与自然环境的有机性之间,长期存在着无法调和的矛盾,并愈演愈烈。环境问题的出现,使得人类开始对之前的工程理念进行反思,并逐渐寻求一种全新的理念来解决这一重要问题。

2. 工程在生态问题上的探索

面对日益恶化的生态环境,人类开始进行一场有关工程理念在生态观方面的探索过程。

"生态关联、生态智慧、物质不灭、生态代价"是人类逐渐形成的四个生态法则。

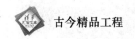

其中,"生态关联"指的是自然界中的任何一种生物之间都存在着直接或者间接的联系。"生态智慧"指的是自然界中的一切生物都是有思想的,不是"无本之木、无源之水"。"物质不灭"指的是任何一种生物从生到死都有自己的轨迹和不同的转化方式,并非彻底消失的。"生态代价"指的是任何一种破坏自然环境的行为都是需要付出代价的。

目前,工程人员已经开始在工程实践过程中开始进行一系列的探索活动。产业生态学的兴起更是直接推动了工程生态观的发展。对自然界中的生物进行物质与能量循环考量的"生命周期评价"、在工业与生态双重领域建立良性循环机制的"工业代谢分析方法"、以保护环境为主要内容的"生态设计"等,都是工程活动在环境问题上的具体实践。

3. 工程生态观的主要内容

目前,已经形成了较为系统的、成熟的工程生态观。其基本思想主要包括以下几个方面的内容:第一,工程要与生态环境协调发展。第二,工程要与生态环境相互优化。第三,工程要与生态技术之间建立良性循环的关系。第四,适时构建工程生态再造。

(四)伦理观

伦理指的是人的行为与价值的道德领域。而工程作为人类社会中的一项基本的社会实践活动,必定涉及了许多各种各样的伦理问题。

1. 伦理观的发展过程

工程活动随着人类社会的产生而产生,工程伦理观也随之逐渐形成。最早的工程伦理观形成于奴隶社会,并首先主要以统治阶级制定的规章制度、法律法规的形式加以约束。之后伴随着社会的进步与发展,在封建社会和资本主义社会中,雇员受雇于雇主,接受一定的酬劳,并对雇主保持一定的忠诚,是工程伦理的主要表现形式。

20世纪以来,随着人类对伦理学研究的不断深入,不同的行业领域开始建立相应的伦理准则,工程伦理学作为一门新兴的学科也逐渐发展完善起来。构建一种工程伦理的体制机制逐渐成为全社会的共识。

2. 工程伦理观的性质与内容

就其性质而言,工程伦理是一种实践的伦理。也就是说工程伦理是用于解决生活实践问题的。并且,其推理判断的过程也包含多种复杂的方法。

此外,在具体内容上工程伦理观的基本思想主要包括两个方面。其一是宏观工程伦理问题,主要包括行业背景、发展方向等范围更广的问题。其二是微观工程伦理问题,主要涉及某一具体的工程领域。

3. 职业规范

工程伦理观最为直接的体现就是工程人员需要遵守职业规范,保持职业操守。职业规范是工程人员在从业范围内的一套行为标准,是一种职业承诺,也是社会公众对其的一种期待,更是工程伦理观最核心的体现。

在涉及不同行业领域的职业规范中,最为根本的规范就是肩负对人类的健康、安全和福利的责任,这也是工程伦理观的一个基本主题。此外,确保工程的质量和安全,具有诚信的良好品质,积极协调不同人员之间的工作,并有效避免不同利益群体之间的冲突问题等,均是职业规范中必须遵守的基本准则。

(五)文化观

1. 内涵

工程文化不同于其他种类的文化范畴,是一种存在于工程活动领域的,逐渐发展并日渐完善的一种文化体系。工程文化存在于工程活动的各个环节,并对工程活动产生一定的促进或者抑制的作用。

工程文化的主体包括投资者、决策者、管理者、工程师、工人等多种社会群体。

2. 特点

工程是一项具有多种层次结构的有机整体,相应的工程文化也同样具有整体性的特点。在工程进行的各个环节中,工程文化均有不同程度的体现。因此,工程文化同样具有渗透性的特点。并且,工程文化同样兼有民族性和审美性的特点。

此外,对某一具体的工程项目来说,其工程文化还具有一定的时间性和空间性。工程文化的"时间性"主要体现在工程文化展现的是某一时代的特色,工程的进程具

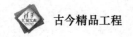

有时限性,工程的影响效果同样具有一定的时效性。而工程文化的"空间性"主要指的是工程所处的地理位置以及在某一具体位置所体现的地域文化特征。

3. 作用

工程文化是一种隐性的存在,但是这种存在方式却对工程产生了重要的显性影响。主要表现在工程设计、工程质量、工程评价、工程发展等不同领域。

具体来说,具有不同的工程文化观可以直接导致具有差异化的工程设计。工程文化领域中对工程的把握标准则会直接影响工程的质量和评价。而一种工程的未来发展方向则会受到当前工程文化的深远影响,并在此基础上不断完善。

第四节 工程的未来发展

一、工程的发展趋势

(一)发展背景

1. 经济全球化

目前,世界已经全面进入信息技术革命的征程。伴随着社会的进步和科学技术的发展,经济全球化已经成为世界社会的主要发展趋势,人类的实践活动已经超越了地域的限制。随着各种跨国组织的建立,知识、技术、劳动、产品等开始在世界范围内自由流动。

受到经济全球化的影响,工程的发展模式也呈现出新的特点。例如,各种工程活动开始呈现出跨国进行的趋势,创新网络、柔性制造、客户定制等逐渐取代之前的标准化生产,人类的思想文化和活动方式也在全球范围内开始新的碰撞。与此同时,工程的规模逐渐扩大,复杂性大大提高。但是,不确定性因素和各种风险也随之增加。

2. 知识经济

现在的时代是一个全新的知识时代,知识呈现出爆炸性的增长,在多个方面均有不同体现。例如,知识的更新速度逐渐加快,知识的价值得到越来越多的体现。

因此,知识作为一种全新的资源,在很大程度上促进了工程的未来发展,为工程进一步的完善与提高注入了新的活力。人类能否对知识的获取、占有以及运用进行合理有效的规划,在很大程度上决定了工程未来的发展方向和发展程度。

3. 新的全球问题

工程的未来发展是建立在社会这一大的基础之上的。因此,提到工程的发展问题就不得不考虑当前环境下,社会出现的新问题。

目前,社会出现的问题主要有人口老龄化、霸权主义和恐怖主义、环境问题等。所以,工程未来的发展方向需要充分考虑社会存在的问题,在解决这些问题或者避免社会风险的基础上得到不断的完善与提高。为此,工程需要运用多种方法手段提高效率、构建完备的信息系统和防备体系以及建立资源节约型和环境友好型社会。

(二)发展方向

总体来说,在充分考虑现有的工程发展大背景的情况下,工程的发展方向主要呈现出以下几个特点。

1. 工程理念的重大变革

作为对工程活动的各个环节均会产生深远影响的工程理念,早已摒弃之前的"征服自然"的工程理念,"和谐工程"的全新理念随之而来。

作为一种新的工程理念,在遵循社会规律和自然规律的基础上,大大减少了对人类社会和自然环境的负面影响,创造出一种人与自然和谐相处、天人合一的理想环境。

2. 工程科技的迅速发展

随着科学技术的进步,具有深度和精度的加工技术极大促进了工程知识不断交叉和融合,并逐渐产生了"知识工程"这一新的概念,工程的理论与方法也发生着重大的变革。

例如,模拟与仿真技术、容错设计等新的技术手段是积极应对工程发展过程中产生不确定因素的重要方法。

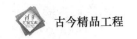

3. 工程创新的程度加大

随着工程的规模和复杂化程度的加大,工程活动已经涉及各个领域,并呈现出一体化和全球化的特点。因此,为了加强不同工程之间的联系,大智度的工程创新系统的建立也是工程未来发展的重要方向。

例如,卫星网络、互联网、消费者供应系统、电力系统、产业体系集合等的建立,都是从宏观层面上加强了工程的创新程度。

4. 社会化、国际化程度的不断加大

目前,工程与社会和国际的联系越来越密切,其社会化程度和国际化程度不断增加。社会科学的相关知识已经成为工程发展过程中的主要知识力量。而工程国际化的发展趋势则主要受到经济全球化的强烈影响。

5. 绿色工程的逐步形成

面对日益恶化的生态环境,如何解决资源短缺、环境污染和生态失衡的问题,是工程未来发展过程中需要着重考虑的问题。因此,构建绿色工程,积极营造资源节约型社会和环境友好型社会就成为人类必须要考虑的问题。最终通过一系列的绿色工程,实现环境的良性循环。

二、培养工程人才

考虑到工程未来的发展趋势,现如今的工程教育还不能为未来的工程提供其发展所需的合格人才。作为担负工程未来发展重要使命的工程人才,工程教育需要重新对其培养目标进行科学合理的定位,以满足工程未来发展的需要。除了之前一直强调的分析问题和解决问题的能力、实践技能和沟通才能之外,还需要在以下几个方面进行着重的考量。

(一)全新的工程理念

全新的工程人才需要彻底摒弃之前落后的"征服自然"的工程理念,具备当下的"自然—人—社会"和谐发展的全新工程理念。即在把握工程价值的基础之上,能够对工程的社会意义和自然影响有一个清醒的认识。

（二）快速的知识更新能力

当今的时代是知识经济时代，也是知识爆炸性的增长和快速更新的时代。为了充分适应这种新的社会大背景，工程教育的培养目标需要着重对工程人才的知识储备、知识更新能力进行培养，使其成为一个具有终身学习能力的人才。

（三）较强的组织领导能力

随着社会的进步和科技的发展，工程的规模和复杂程度逐渐增加。为了确保及时有效地处理与工程活动密切相关的因素，工程人才需要具备一定的组织领导才能，以充分应对快速变化发展的社会环境。

（四）开阔的国际视野

目前，整个世界是一个经济全球化的世界。一体化和全球化是当今时代的主要特点。为了应对这一社会环境，工程人才需要具备开阔的国际视野，即拥有较强的跨文化沟通能力、人际沟通和交往能力以及相互尊重、共同合作的良好人格。

（五）一定的伦理责任

在工程理念中，工程伦理观是一个重要的方面。在面对如此复杂的工程环境时，工程理念起到了重要的调节作用。因此，未来的工程人才是否具有一定的职业操守，能否坚定不移地担负起自己的工作责任，是人们不得不考虑的一个问题。

第二篇　古今精品工程鉴赏

第三章
宗教类精品工程

第一节　吴　哥　窟

一、工程的基本介绍

位于柬埔寨暹粒市北部的吴哥窟，是一座拥有悠久历史的吴哥古迹庙宇。

吴哥窟，意为"毗湿奴的神殿"，别名吴哥寺。吴哥窟是吴哥王朝的国寺，12 世纪由吴哥王朝国王阇耶跋摩二世耗费 35 年建造。然而因战乱、迁都等历史原因，吴哥窟后来被高棉人所遗弃，最终被森林掩盖而无人知晓。直到 19 世纪，因一位法国生物学家的一次野外探险，才使得吴哥窟这一宏伟建筑得以重见天日。

吴哥窟不仅是高棉古典建筑艺术的集大成者，也是世界上最大的庙宇和宗教建筑。与中国的万里长城、印度的泰姬陵和印度尼西亚的千佛坛一起，被世人称为古代东方的四大奇迹。1992 年，联合国教科文组织将吴哥窟列入世界文化遗产名录。

二、工程的结构布局

吴哥窟坐东朝西，规模宏大，比例匀称，瑰丽精致。其整体的结构布局主要体

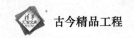

现了高棉古典寺庙建筑的特点,即祭坛和回廊。回廊环绕须弥台呈矩形,祭坛由三层须弥台组成。祭坛的高度逐层递增,象征着印度神话中位于世界中心的须弥山。在最高一层祭坛的顶部,是五座的宝塔,其中四个较小的宝塔围绕着大宝塔呈五点梅花式排列,象征着须弥山的五座山峰。在吴哥窟的外围,是环绕一周的护城河,象征着环绕须弥山的咸海。

吴哥窟共有三层台基。在第一层须弥台回廊的西门,是一座田字阁,名为"千佛阁"。阁内供奉着朝拜者留下的佛像,并刻有颂扬其善行的铭文。田字阁的中央是由两道游廊交叉构成的十字游廊,每道游廊由左偏廊、中廊、右偏廊三个部分组成。田字阁外围的院子则构成了寺庙的第一层围囿。藏经阁就位于第一层围囿的西南角和西北角。

在第一层台基上方五米的位置是第二层台基。第二层台基的回廊上雕刻着精美的浮雕和竖葫芦棂窗。最上方是寺庙的第三层台基。第三层台基上的宝塔内供奉着神龛。

三、工程的设计特点

(一)对称布局

吴哥窟建筑的对称性主要是镜像对称和旋转对称。其中,镜像对称指的是整个结构布局以东西方向的中轴线为基准,呈南北对称式分布。旋转对称指的是位于祭坛顶部的五座宝塔。这种旋转布局结构使得宝塔的主题在四面八方得以统一地重复展示。

(二)台基结构

台基首创于希腊,后经印度传入吴哥,并在此得以发扬光大。吴哥窟的台基具有较高的高度,并且呈须弥座形式,即上下宽、中间略窄。而这种台基结构的重要现实作用便是躲避湄公河的洪灾。

其实,在中国古典建筑中,台基结构也是重要的表现形式。与吴哥窟相比,二者的不同之处主要在于台基周围的建造装饰物以及台基的高度。中国的台基周围主要是辅以石栏和望柱加以装饰,而吴哥窟独特的须弥座形式本身就呈现束腰结构,周边则以画廊以及水平棱加以修饰。并且,吴哥窟的台基的高度是同等层数的中国台基的数倍。

(三)回廊及长廊

回廊和宝塔是吴哥窟的重要艺术特色。墙壁、立柱、廊顶是回廊的三个要素，不仅具有一定的实际功能，同时也增添了回廊空间的横向、纵向感。在吴哥窟的三层台基上均有回廊结构，并最终如渐高渐强的曼妙音乐般，集大成于位于中心最高位置的宝塔中。因此，宝塔作为寺庙建筑的灵魂，无疑将吴哥窟的文化精髓展现得淋漓尽致。

除回廊外，吴哥窟的长廊也是其主要的设计之处。长廊的主要结构在于石柱，而石柱的排列方式也是多种多样。有的呈一边两排，有的是两边两排。长廊的拱顶结构是叠涩拱，由两端的石砖逐级水平内错形成，因此具有较高的高度。

通过有机地运用回廊和长廊等建筑形式，使得两者的空间艺术表现力展现得淋漓尽致，因此吴哥古迹成为高棉建筑历史上的登峰造极的艺术瑰宝。

(四)浮雕艺术

浮雕主要体现在吴哥窟的回廊上。其内容主要来自于印度教，宣扬毗湿奴，同时也展现了一些与之相关的民风世俗场景。手法上，浮雕主要采用层叠的层次方法，表现娴熟，使得各种形象生动逼真。

其中，因附有大量的浮雕，第一层台基的回廊又被称为"浮雕回廊"。位于回廊的东部、西部和南部的浮雕主要表现的是宗教的神话传说，分别是搅乳海图、猴神助罗摩作战图和毗湿奴与天魔交战图；而位于回廊南壁的浮雕主要展示了当时的民风世俗场景，名为阇耶跋摩二世骑象出征图。

四、工程的材料选用

在吴哥王朝时期，不同的建筑类型使用的建筑材料是不尽相同的。宫殿使用的是木质材料，并在其顶部采用铅瓦和土瓦加以巩固；民居使用的是茅草、竹子等混合材料；宗教建筑使用的是石质材料。由于木材、茅草、竹子等建筑材料容易受到不利的自然因素影响，吴哥王朝的宫殿类、民居类建筑工程早已荡然无存。唯有采用石质建筑结构的一些宗教建筑工程得以保留至今。

同大多数吴哥王朝的宗教类建筑工程一样，吴哥窟的整体建筑主要由砂岩筑成。距离吴哥窟40千米之外的荔枝山是当时建造这一国寺庙宇的采石场。古代的劳动者们运用人力、水力、畜力运送砂岩材料。至今,在吴哥窟的石块上还可以看见当时使用木架搬运石材留下的圆孔。在工程完工后,可以使用石灰封闭这些圆孔。

12世纪的高棉工程师已经熟练地掌握运用砂岩这一建筑材料。因此,吴哥窟整体上属于垒石建筑结构,长形的建筑石块之间层层垒合,偶有工字形的咬合。并且,石块之间的砌合靠的是石块本身的重量以及平滑的规则表面,而非使用诸如灰浆等常用的黏合剂。但是,由于当时仍未充分掌握券拱技术,整个吴哥窟没有大型的殿室,一些石道显得有些狭窄、光线不足。

除大量使用砂岩之外,吴哥窟还使用红土石,主要用于铺路、造堤和围墙以及一些隐蔽性的建筑结构。红土石是岩石长时间经过热带气候风化后,可溶性矿物质逐渐流失,最终由氧化铜和石英等不溶性矿物质形成的多孔红棕色岩石。

除此之外,少量的木材也被吴哥窟使用在回廊的顶部,用于铺设木质的天花板。

五、工程的修复工作

虽然吴哥窟因历史原因被吴哥王朝遗弃,但因百米多宽的护城河结构的保护使得这一经典宗教工程得以延续几个世纪,最终被世人发现,并进行一系列的修复完善工作。

吴哥窟的整个修复工作主要由法国远东学院负责,从1908年开始,历时数十年。当时的吴哥窟杂树丛生,一些植被的树根甚至深入建筑石块的缝隙,使石块之间的间隔无以支撑建筑本身,导致一些结构的松动、坍塌。因此,整个修复工程的第一阶段任务是清理工作,主要是清除杂草、树木等植被,以及常年的积土和白蚁,以达到支撑建筑物、稳固地基的目的。到1911年,为期三年的第一阶段清理工作如期完成。

20世纪30年代开始,主要进行修缮工作的第二阶段任务,即对吴哥窟部分损毁结构的分析重建工作。分析重建术主要是在希腊雅典和印度尼西亚爪哇等地的考古工作中逐渐形成发展起来的。该方法的关键之处在于必须使用原有的建筑材料以及原有的建造方法。如果因某些不可抗因素致使原物彻底损毁或失传,可以使用他物进行替代。

1992年，在吴哥窟被联合国教科文组织列入世界文化遗产名录的同时，为了更好地保护这一精品工程，吴哥窟又被列入濒危世界文化遗产名单。此后，先后有德国(飞天女保护工程)、日本、中国等多个国家对吴哥窟开展了一系列的保护工作。经过多国专家的共同努力，整个吴哥窟工程的修复工作基本完成。2004年，联合国教科文组织决定不再将其纳入濒危世界文化遗产名单中。

第二节　科隆大教堂

一、工程的基本介绍

科隆大教堂，全名"查格特·彼得·玛丽亚大教堂"，位于德国科隆市的莱茵河旁边。它是一座天主教堂，也是欧洲北部最大的教堂。科隆大教堂始建于1248年，因历史原因，工程前后断断续续共耗时600多年，于1880年正式完工，堪称世界之最。

科隆大教堂同时具有宏伟大气的整体布局和精致细腻的装饰结构，其典型的哥特式与新哥特式相结合的建筑特点，使其成为中世纪的建筑艺术的瑰宝，被世人称为最完美的哥特式教堂。因其无与伦比的建筑艺术价值，科隆大教堂同时也成为了欧洲基督教权威的象征。

科隆大教堂与巴黎圣母院大教堂和罗马圣彼得大教堂并称为欧洲三大宗教建筑。1996年，联合国教科文组织将科隆大教堂列入世界文化遗产名录。

二、工程的修建目的

科隆市位于欧洲阿尔卑斯山的北部，历史上素有"北方的罗马"之称。而教堂从某种意义上说是某一特定时期的文化，特别是某一特定教义的具体体现形式。在13世纪中期，为了进一步维护科隆宗教圣城的称号，当时的主教团决心建造一座规模最大的完美大教堂。科隆大教堂的建造有着极其特殊的历史意义，因而得到了举国上下的全力响应，并在整个社会上形成了"富人捐资，穷人出力，艺术家献

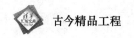
计,统治者支持"的火热场面。

三、工程的外观布局

科隆大教堂的建造风格是典型的哥特式样式,并以法国兰斯主教堂和亚眠主教堂为范本。教堂的总占地面积为 8 000 平方米,建筑面积为 6 000 平方米。其中,东西长 144.55 米,南北宽 86.25 米。

一般的教堂,东西向的长廊多为三进。而科隆大教堂则是为数不多的五进式结构,形成了主门呈两座最高塔式、内部呈十字形结构的整体布局方式。教堂的中央是高约 157 米的南北双尖塔。教堂的外围则伫立着一万多座小型尖塔,用于烘托整个建筑直插云霄的高耸氛围。

登上科隆大教堂的塔顶,可以俯瞰整个科隆市区。而夜色中的大教堂也别有一番韵味。蓝色的灯光将科隆大教堂映衬得如蓝宝石般,发出璀璨的光芒。

四、工程的内部结构

科隆大教堂一共有 5 个礼拜堂。其中,中央大礼堂的穹高是 43 米。各个礼拜堂供教徒朝拜的席位为 5 700 个,供神职人员使用的座位有 104 个,并全部采用上乘的厚质木材制作而成。位于礼拜堂前方的唱诗台具有明显的中世纪晚期的风格,其规模在德国也是最大的。同时,唱诗台因具有供教皇和皇帝使用的座位而显得与众不同。

(一)钟

钟在教堂中永远都发挥着举足轻重的作用,目前一共有 12 口钟被安置在科隆大教堂里。

其中,三王钟于 1437 年安置于大教堂中,是历史最为久远的一口钟。该钟于 1418 年铸造,重达 3.4 吨。之后,在 1448 年安置了一口重达 10 吨的钟,该钟的规模在当时的西方也是最大的。目前,科隆大教堂中最大的钟是享有"欧洲中世纪建筑艺术的精粹"美誉的圣彼得钟。该钟于 1924 年安置,最大直径处有 3.22 米,总重量为 24 吨。

（二）窗户

位于科隆大教堂墙壁四周的窗户的面积总计超过一万平方米。这些窗户因法兰西火焰式的装饰风格而充分显示出设计者的独具匠心。教堂窗户上的玻璃为彩色玻璃，描绘出了不同的《圣经》人物和《圣经》故事。

令人叹为观止的是，如此美轮美奂的用玻璃展现的图景，其所涉及的颜色种类只有四种，分别为金色、红色、蓝色和绿色。并且，每一种颜色都有其特殊的含义。其中，金色代表永恒的光明，红色寓意着炽热的爱，蓝色诠释着不变的信仰，绿色预示着未来的希望。

（三）文物

科隆大教堂除了作为基督教徒朝拜的场所外，还收藏了大量的珍贵文物，使得人们将大教堂比作一个小型的博物馆。

比如，这里保留着科隆大教堂的设计图纸，并以教堂的第一位设计师哈德的羊皮设计图纸最为珍贵。这里还有古老的巨型圣经，体积比真人还要大的十字架，还有雕刻有基督教义的精美绝伦的石雕。在这里，用于保存文物的金神龛被称作是中世纪经典金式艺术的代表；11世纪的"十字架上的基督"成为在德国奥拓王朝时期对后期的哥特艺术和雕刻技术产生卓越影响的木雕艺术。此外，在祭坛上安放着中世纪的黄金匣；在圣坛上摆放着金雕匣，里面是"东方三圣王"的尸骨；在回廊里还悬挂着15世纪科隆画派画家斯蒂芬·洛赫纳为科隆大教堂所作的壁画。

（四）"阴阳脸"

现如今由大型石材建造而成的科隆大教堂的主体颜色为灰褐色。而位于大教堂中央的双尖塔之一的北塔因部分呈现出异样的银白色，而被世人戏说为"阴阳脸"。

其实，建造之初的科隆大教堂的颜色呈现的是石材本身的颜色，即银白色。在大教堂完工的一百多年以后，迅速发展的工业使得科隆市成为德国最大的褐煤基地。在废气和酸雨的影响下，教堂的外观颜色发生了不可逆转的变化。

为了加强市民的环保意识，科隆市议会决定维持被污染后的科隆大教堂外观颜色的现状。与此同时，先后出台了一系列政策措施保护并改善原有的城市环境。特别值得一提的是，早在20世纪中期，科隆市就已经提出"绿色城市"的概念，并积极倡导节约能源、低碳生活。

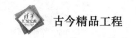
五、工程的建造过程

早在公元四五世纪的时候,在今日科隆大教堂的位置附近就已经建立了教堂。只是当时所建教堂的规模较小,之后经过不断的扩建工程,最终在公元 9 世纪的时候形成了初具规模的教堂。这就是科隆大教堂的前身。令人惋惜的是,这座大教堂的前身在 13 世纪的一场大火中遭到了彻底的破坏。

1248 年,当时法国的著名设计师凯尔哈里特成为科隆大教堂的第一位建造设计人员。当年的 8 月 15 日是圣母升天日,神职人员康拉德·冯·霍施塔登选择这一天作为大教堂的奠基之日,象征开启了美好的崭新时代。虽然因为一些不可抗拒的历史原因,使得科隆大教堂前后共历时六个多世纪才得以完工,但是自始至终,所有负责这项伟大工程的建造者们都秉持着对原计划绝对的忠诚和不变的信仰。

工程建设的第一阶段从 1248 年开始,一直到 1322 年结束,完成了教堂的主体结构。在前期的建造工程中,无论是设计师还是施工者都面临着诸多困难。这些困难主要有几何学和力学知识的匮乏,建筑尺寸标准的不统一,以及建造经费的紧张。但所有的参与人员都凭借着坚定的信念,对上帝的信仰,克服了工程中出现的种种困难。因为当时所建的教堂高度为 44 米,不仅要充分体现哥特式建筑独有的直线形垂直性效果,还要保证整个建筑地基的稳固性,其建造的难度在当时可想而知。要完成这项任务,不仅需要木匠、石匠、泥瓦匠、搬运工以及后勤人员等多个工种每天多达十几个小时的工作强度和全力配合,还需要打地基、搭脚手架、修立柱、吊梁、封顶等一系列工序前后的先后衔接。在最后的封顶工作中,施工者最担心的是发生坍塌事故。为此,设计师首先借鉴罗马建筑风格中拱门的特点创造性地设计出了带有尖角的肋形拱门。然后工人们再在平地上制作了一个木石结合的屋顶,并吊其至高空中进行安放。这也成为后来哥特式建筑风格的精髓之一。

15 世纪初,由于当时技术水平的局限性,修建教堂南堂的计划失败了。后来科隆大教堂的建造工程又因为数次历史战争的缘故,不得不在断断续续中进行。一直到 1560 年才完成教堂大厅的建造。

1842 年,因德国宗教改革运动而被迫搁置的科隆大教堂第二阶段的建造计划才被提上议程。负责大教堂第二阶段建造的设计师是德国著名建筑家卡尔·腓特烈·辛格勒。当年的 9 月 4 日,德国国王威廉四世宣布科隆大教堂正式动工。由

于当时德国国力的雄厚,世人提出了对原有教堂加高加宽的设计构想。最终在
1880 年,形成了如今主门呈两座最高塔式、内部呈十字形结构的整体布局方式。

六、工程的后期保护

科隆大教堂是哥特式建筑的集大成者,包含了巨大的文化价值和艺术价值。
同时,其历时六百多年的建造历史更是充分展现了天主教的不屈不挠的坚毅力量。
因此,是历史上不可多得的艺术瑰宝。

1942 年,英美联军轰炸德国,科隆是当时的军事要塞。为了避免对科隆大教
堂的损害,天主教通过罗马教廷提出强烈要求,才使得这座大教堂免遭厄运。虽然
大教堂在战争中没有遭受大的损坏,但仍遭遇了多枚炸弹的袭击。战后,总理康拉
德·阿登纳对大教堂进行了修缮工作。

20 世纪快速发展的工业,使得污浊的空气无情地侵蚀着古老的教堂。1999
年,新一轮的整修工作开始了。整个工作不仅要继续保持教堂原有的建筑风格和
设计特色,还要重新对教堂内部的结构和陈设进行保护和管理。

第三节　敦煌莫高窟

一、工程的基本介绍

敦煌莫高窟坐落于甘肃省敦煌市境内,位于河西走廊的西端。在鸣沙山和三
危山的断崖上,便是享有"20 世纪最有价值的文化发现之一"美誉的莫高窟。

自古以来,敦煌就是丝绸之路上的商业要塞,莫高窟作为佛教艺术的集大成
者,更是曾经敦煌繁华的历史见证者。莫高窟,又被称作千佛洞。前秦时期开始修
建,而后又经过十六国、北朝、隋、唐、五代、宋、西夏、元、清等历朝历代不断的兴建,
最终形成了以古建筑、雕像、壁画三者融为一体的大型艺术宫殿,并以其精美绝伦
的程度闻名于世,堪称佛教领域中一颗璀璨的明珠。

虽然敦煌莫高窟在漫漫历史长河中遭受了不同程度的来自于自然和人为的破

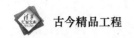

坏,但至今仍保留有洞窟 735 个、雕像 2 415 尊、壁画 4.5 万平方米。它是目前世界上规模最大、内容最丰富、保存最完好的佛教艺术圣地。

甘肃敦煌的莫高窟与河南洛阳的龙门石窟、山西大同的云冈石窟、甘肃天水的麦积山石窟并称为中国四大石窟。1987 年,联合国教科文组织将敦煌莫高窟列为世界文化遗产名录。

二、工程的结构布局

敦煌莫高窟朝向为东,宕泉河从前而过。南北长 1 680 米,高 50 米。上下共有五层,错落有致,蔚为大观。

依据使用目的的不同,莫高窟共分为南北两区。其中,作为莫高窟主体的南区,其主要用途是为僧侣提供进行宗教活动的场所。北区为生活区,其主要功能是为僧侣提供修行、居住以及墓葬的场所,并建有壁龛、灶炕、烟道、土炕、台灯等生活必要的基础设施。

目前,南区共有洞窟 487 个,洞窟内均有不同数量的雕像和壁画。北区有洞窟 248 个,但只有 5 个洞窟内存在雕像和壁画。

三、工程的主要洞窟

(一)第 96 号洞窟

敦煌莫高窟第 96 号洞窟开凿于初唐时期。洞窟内供有莫高窟的第一大佛。大佛建于公元 695 年,为一尊弥勒佛。采用的建造手法为石胎泥塑法,首先在砂岩山壁上开凿出大佛的大致形状,再草泥垒塑、麻泥细塑,最后使用颜料着色。

洞窟的前端,是一座共有九层的楼式建筑。实际上,该建筑在晚唐时期为四层,而后在宋朝初年修缮为五层建筑。现如今的九层建筑建设于 1935 年。并最终以其楼层高度命名为"九层楼",成为莫高窟的著名代表建筑之一。

(二)第 16~17 号洞窟

莫高窟第 16 号洞窟始建于公元 851—867 年。在该洞窟前端建有著名的"三层楼"建筑,是清朝光绪年间修建的木质结构建筑。在建造三层楼建筑时,建造者在第 16 号洞窟的北端意外地发现另一个洞窟,为第 17 号洞窟,即久负盛名的藏经洞。这种为数不多的独特洞窟结构,又被称为窟中窟。

第 17 号洞窟修建于唐朝晚期,洞窟高 3 米,长宽各 2.6 米,为方形结构。洞窟内部绘有大量壁画,中央设有一禅床式低坛,供奉一座高僧坐像。因战乱等原因,该洞窟中存有大量的从十六国到北宋时期的佛教文物以及历代文书和字画等共计五万多件文物,因而又被称为藏经洞。由于第 17 号洞窟具有极高的历史价值,因此衍生出一门敦煌学,专门研究藏经洞以及莫高窟的历史及其价值。

四、工程的艺术特点

(一)古建筑艺术

依据使用功能的不同,可以将七百多座石窟分为中心柱窟(支提窟)、中央佛坛窟(殿堂窟)、覆斗顶型窟、大像窟、涅槃窟、禅窟、僧房窟、廪窟、影窟和瘗窟等。石窟不仅数目繁多,而且大小、形状各异。最大者高达四十多米,宽三十余米;最小者不过数尺见方。

石窟的建筑形式属于中心塔柱式。这是一种将印度支提式石窟形式与中国传统木构庙堂建筑风格相结合的建造方式。具体说来,该石窟的平面为矩形,顶部后方为平形,顶部前方为人字式。在石窟的中央立有一个方形立柱,并在柱子四面凿龛供佛。同时,石窟内部的图案也依据此种建筑形式依次分布。

这种独创的古建筑艺术形式不仅具有极高的艺术价值和研究价值,也充分表现了古代劳动人民广泛吸收外来文化,并与传统文化相融合的智慧。

(二)雕像艺术

敦煌莫高窟周围的土质较为松软,除南北大像为石胎泥塑外,其余雕像均为木骨泥塑。

莫高窟的雕塑不仅数量众多,形式也丰富多彩,如圆塑、浮塑、影塑、善业塑等。雕像的排列方式主要有单身像、群像(以佛居中)以及两者的组合。不同的表现手法将不同的佛教人物展现得淋漓尽致、栩栩如生。

其中,开凿在砾岩上的南北大像,高达 33 米。而善业泥木石像造型精巧,仅有两厘米左右。位于第 17 号的石窟中的唐代河西都统雕像,则是我国最早的高僧写

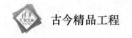

实真像之一。

(三)壁画艺术

环顾洞窟的四周,到处可见数量繁多、形式不一、内容各异的精美壁画。丰富多彩的壁画包含了佛教故事、山水风景、生产劳动图景以及精美的装饰图案。这些瑰丽无比的壁画反映了从十六国至清朝的政治、经济与文化生活,是长达1 500多年的历史图景的展现,更为研究中国古代的社会形态、美术形式提供了鲜活的材料。

敦煌莫高窟的壁画的创作者们不仅将民族传统艺术形式展现得淋漓尽致,也充分结合了印度、伊朗、希腊的艺术之所长,最终形成了这无与伦比的艺术瑰宝。倘若把这些众多的壁画依次排列,可长达三十多千米。在众多的壁画中,尤以"飞天"图案最为珍贵,被称作是敦煌壁画的象征,呈现出一种空灵的优美氛围,被唐朝人称赞为"天衣飞扬,满壁风动"。

五、工程的风格演变

从十六国到清朝,历朝历代曾多次修建莫高窟。就其建造风格来说,主要经历了四个历史阶段,分别为北朝、隋唐、五代和宋、西夏和元。

北朝时期开凿的洞窟共有36个,主要类型为中心柱窟、中央佛坛窟以及禅窟。雕像类型主要以圆塑和影塑为主。前期壁画展现西域特色,多以土红为底色,色彩浓烈;后期壁画则体现中原特点,大多以白色为底,雅致洒脱。

作为莫高窟建造的全盛阶段,隋唐时期共开凿有三百余座洞窟。该时期出现了殿堂窟、佛坛窟、四壁三龛窟、大像窟等多种新的洞窟类型,而中心柱窟、禅窟逐渐消失。雕像类型主要是更加体现中原特色的圆塑。壁画创作水平也达到了极其高超的水平。

在五代和宋朝时期,多为对先前的洞窟进行改造和修缮,涉及洞窟数目一百多个。洞窟主要类型为佛坛窟和殿堂窟。但是雕像和壁画的艺术水平较之前期有所降低。

西夏时期的洞窟共有77个,和五代、宋朝时期一样,也是对先前的洞窟进行改造和修缮。而在元朝时期则重新开凿了8个洞窟,并出现了在方形洞窟中设置圆形佛坛的规制。

六、工程的破坏和保护

元代之前的莫高窟,世人对其知之甚少,因而得到了很好的保护。但是,自从第 17 号洞窟——藏经洞被发现以后,莫高窟的雕像、壁画以及大量珍贵文物便开始遭到了西方列强的疯狂掠夺。

为了更好地保护这一佛教圣地,从 20 世纪 40 年代开始对敦煌莫高窟进行了正式的保护行动,并先后设立了敦煌艺术研究所、敦煌文物研究所、敦煌研究院等机构对莫高窟进行研究和保护。

第四节　乐 山 大 佛

一、工程的基本介绍

在四川省乐山市境内,在岷江、青衣江和大渡河的交汇处,依凌云山栖霞峰峭壁雕凿着著名的乐山大佛,又称作凌云大佛。

乐山大佛是一座弥勒佛坐像。大佛双手抚膝,正襟危坐,与乐山城隔江相望。大佛造型大气庄重,尤以巧妙的排水设施设计而为世人称赞。乐山大佛建于唐代,从公元 713 年到公元 803 年,历时近九十年才最终完成。大佛的修建寄托了百姓希望减少水质灾害的美好愿望。

乐山大佛依山而建,与周围的景观浑然一体,因此享有“山是一尊佛,佛是一座山”的美誉。乐山大佛不仅是中国目前现存最大的一尊摩崖石刻造像,也是世界上最大的石刻弥勒佛坐像。1996 年,联合国教科文组织将乐山大佛列入自然与文化双遗产名录。

二、工程的结构布局

乐山大佛所在的山体,其砂岩属于红砂岩。这种砂岩具有硬度低、质地松软的

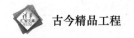

特点,可以广泛地用作雕刻材料。

乐山大佛的建造格局属于"一佛二天王"。"一佛"指的是乐山大佛,"二天王"指的是分别雕凿在大佛左右两端的崖壁上的高约16米的护法天王石刻。居于中央的乐山大佛,头与山齐,双足踏江,整个佛像的高度共计71米。其中,头部的高度14.7米,宽10米,耳长6.7米,鼻、眉长5.6米,嘴、眼长3.3米,发髻1 051个。此外,大佛颈高3米,肩宽24米,手指长8.3米,小腿长28米,脚背宽9米。整个大佛体积庞大,器宇不凡。

在主体建造格局之外,还分散着数目众多的雕刻,构成了规模庞大的佛教石刻艺术群。此外,乐山大佛的左侧是直通大佛脚底的凌云栈道,建于近代,全长约500米;大佛右侧是可到达大佛头部的九曲栈道,主要用于早期修建大佛和后期开展宗教活动。

在乐山大佛完工之后,为了对大佛进行保护,曾在佛像外围,修建楼阁进行覆盖,以免大佛遭受日晒雨淋,并称之为"大佛阁"。但因年代久远,以及一些历史原因,这座外围楼阁早已损毁,只剩下乐山大佛岿然屹立不倒。但至今仍然可以从残存于大佛的臂、胸、膝、腿、脚背上的桩洞以及大佛两端山崖上方的空洞中,找寻曾经楼阁建设安置的痕迹。

三、工程的设计特点

(一)石块发髻

远远望去,黑色的发髻与大佛头部浑然一体,很难分辨出来。实际上每个发髻独立成形,并依据一定顺序逐个镶嵌在大佛的头部。乐山大佛的头部发髻的总数为1 051个,每个发髻高0.78米,下方直径0.31米,上方直径0.24米。发髻的形状呈螺状,又称为螺髻。发髻为石质,内部主要为石灰,并在表面抹灰两层。整个发髻的镶嵌没有使用任何砂浆等黏合剂,为人工拼嵌,可在其根部看到施工的痕迹。

(二)木质耳鼻

从外观上看,大佛的双耳以及鼻子均为石质,实际则不然。为了增加二者的牢固程度,古代的工匠们首先使用木柱搭建耳朵和鼻子的框架,然后用原岩等石质材料略作填充,最后在外层施以灰质作装饰。拼接时,可利用耳鼻内部的梁柱与大佛的头部很好地衔接起来。

(三)排水系统

乐山大佛可以屹立千年不倒,与其独特的排水系统设计是密不可分的。而整个排水系统设计的巧妙之处,除了科学、全部的布局之外,更在于其隐而不见。使得排水系统在发挥自身功用的前提下,保持了乐山大佛外观的整体性。

乐山大佛的排水系统主要位于大佛头部的发髻、双耳、头颅后方;大佛的胸部、背部、手臂;衣领和衣纹皱褶处。乐山大佛的发髻共有18层,分别在其中的第4、9、18层设有横向排水沟,并用灰质进行粉饰,作隐性化处理。大佛双耳的耳背处,各有一条3.38米高、9.15米长、1.26米宽的洞穴。两个洞穴左右相同,大大增强了大佛耳部的排水能力。大佛胸部的前端有排水沟与手臂后端的排水沟相连。在大佛的背部、两侧分别筑有大型洞穴,但未将二者贯通。其中,左洞高1.1米、长8.1米、宽0.95米;右洞高1.35米、长16.5米、宽0.95米。

对于乐山大佛而言,这些由水沟和洞穴组成的排水系统,具有十分科学严密的结构布局,形成了相互联系、相互作用的有机整体,使得大佛免遭雨水的灾害。整个排水系统在发挥排除多余水分功能的同时,也发挥着通风、隔离湿气的作用,有效减少了乐山大佛遭受风化侵蚀的危险。

第四章
皇家园林类
精品工程

第一节　哈尔·萨夫列尼地下宫殿

一、工程的基本介绍

马耳他是世界上国土面积最小的国家之一，仅有 316 平方千米，但却拥有着三处始于新石器时代和圣约翰骑士时代的世界性遗产。其中，最为珍贵的当数位于马耳他首都瓦莱塔南郊，名为哈尔·萨夫列尼的地下宫殿。

这座神奇的哈尔·萨夫列尼地下宫殿修建于新石器时代，大约始建于公元前 2500 年。其与众不同之处在于，宫殿虽然建造于地下，但结构布局甚至内部装饰与地上的建筑并无太大区别。地下宫殿的深度达 12 米，如此浩大的工程，其建造难度可想而知。

在哈尔·萨夫列尼地下宫殿的内部，至今还保留着形成于公元前 3200 年到公元前 2900 年的巨型珊瑚石，主要起到支撑整体结构的作用。除此之外，还有古老的传动装置，主要用于传输修建地下宫殿时所使用的大型建筑材料。

哈尔·萨夫列尼地下宫殿距今已有五千多年的历史，是马耳他国家的代表性建筑,也是整个欧洲最早的石造建筑。因而享有"史前圣地"的称赞。1980 年,联合国教科文组织将哈尔·萨夫列尼地下宫殿列为世界文化遗产名录。

二、工程的结构布局

在哈尔·萨夫列尼地下宫殿的地面衔接处,原本是一座古代庙宇。但因历史等原因,庙宇早已损毁殆尽,只留下散落的些许石块。如今,在原址之处建造了一个旋转楼梯,作为通往地下宫殿的主要通道。

哈尔·萨夫列尼地下宫殿整体上呈橄榄形,屋顶呈拱形。地下宫殿的最上端是天然形成的岩洞。岩洞彼此之间相互分散,主要用于进行古代祭祀活动。地下宫殿的下端是三层由人工修建的石砌建筑,深达 12 米,每一层分别设有厅堂和走廊。其中,在最底层还建有一排小厅,可以通过台阶进入。这些台阶较小,且按不规则的顺序排列,主要起到一定的保护作用。

哈尔·萨夫列尼地下宫殿的面积达 500 平方米,共计 38 间石屋。按照使用功能的不同,可以将这些石屋分为粮食储存室、水源储存室、神谕室、殉葬室等。

地下宫殿所在的土质主要为石灰质,因而宫殿的主色调呈土黄色。在地下宫殿的墙壁和屋顶上绘有各式各样的图案,有圆形、曲形和螺旋形等。淡褐色的花纹图案绵延不断,是生生不息的生命延续代表。

建造哈尔·萨夫列尼地下宫殿使用的开凿工具主要是石器,种类以燧石和黑曜岩等为主,质地坚硬。此外,当时已经掌握了钻孔技术,所用工具为鹿角。

三、工程的主要石屋

在哈尔·萨夫列尼地下宫殿中,最值得一提的是位于地宫中央的礼拜室。礼拜室由石灰岩构成,整体呈方形,屋顶呈圆形。虽然整个礼拜室没有太多的内部装饰,但仍可以从室内的门梁以及柱子上所体现的独具匠心的设计特点,看出整个建筑的与众不同之处。进入礼拜室之后,随着进入的深入,房间也会变得越发的狭窄,光线也变得逐渐昏暗。

而最为神奇的当数位于神谕室墙壁上的用来传达圣谕的壁龛。倘若以低音对其说话,则可以在地下宫殿的地面洞门处以及各个石屋内听见其说话的声音。除此以外,在地下宫殿的一些石屋内还保留着陶器雕像,为赤土所制。

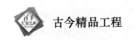

从本质上说,哈尔·萨夫列尼地下宫殿是一个规模巨大的地下室。虽然这座地下宫殿的设计初衷是建造一座神圣精美的宫殿。但从史前时期以来,这座地下建筑却开始以墓地的形式发挥着自己的作用。

第二节　凡尔赛宫

一、工程的基本介绍

著名的凡尔赛宫坐落于法国巴黎西南郊外的伊夫林省省会凡尔赛镇,曾经是法兰西王国 107 年之久的宫廷所在地。凡尔赛宫于路易十四时代建造,历时 47 年,距今已有 300 年的历史。

整个宫殿的占地面积为 111 万平方米。其中,建筑面积 11 万平方米,园林面积 100 万平方米。宫殿舍弃了当时最为流行的巴洛克建筑风格,而吸收了欧洲各国的建筑艺术精华,并大胆创新设计出具有平顶结构的对称式的大型宫殿形式——东西走向的正宫与南北宫两端相接,形成了具有法国古典主义、洛可可式以及新古典主义建筑风格的宫殿建造格局。宫殿内部共有五百多间大殿小厅,房间内的装饰精美绝伦、物件摆设珍贵非凡。正宫的前面为法兰西风格的花园。整个凡尔赛宫布局端正,金碧辉煌,气势宏伟壮观。

法国的凡尔赛宫不仅是法国的骄傲,也是欧洲历史上最为华丽、最为宏伟的宫殿建筑,更是人类文明史上最浓墨重彩的一笔,是工程艺术殿堂中一颗光彩夺目的珍珠。1979 年,联合国教科文组织将凡尔赛宫列入世界文化遗产名录。

二、工程的结构布局

凡尔赛宫所处的地形采用的是缓坡微地构型,而非强调高低落差。整体上凡尔赛宫呈"轴线式"结构布局,由宫殿法式花园以及大型宫殿城堡组成。

宫殿的前方是 100 公顷的法兰西式大花园。在结构布局上,花园不喜自然随意,而是由人工进行修剪,表现为对称结构的几何图案,显得整齐划一。花园内部除了栽种有造型独特、样式别致的花草树木外,还设有花径、温室、石雕、柱廊、神庙像等小型景观。花园内有1 400多个喷泉,水源来自于附近的塞纳河。此外,还修建了一条人工运河,长约1.6千米,呈十字形。这些水景的灵活运用增加了大花园深远辽阔的气势。

宫殿城堡的中央是东西走向的正宫,长580米,南北两端分别是南宫和北宫。宫殿的立面造型为古典主义三段式处理,将外立面划分为纵、横三段。凡尔赛宫整体上为新古典主义的建筑风格,布局对称、轮廓整齐、气势磅礴,享有"理性美的完美典范"的赞誉。其宫殿内部的装饰风格以法国古典主义、巴洛克式为主,在少数一些殿厅采用洛可可式的装修风格。宫殿内部的装饰极其富有艺术魅力,是世界艺术的瑰宝。

五百多间大殿小厅以五彩的大理石为墙壁材料,并以挂毯、兵器、雕刻、油画为主要装饰。天花板上呈平形、半圆拱形、半球形等,悬挂有大型水晶吊灯,配有屋顶油画和浮雕图案。房间内摆放的家具工艺精湛、造型独特,同时陈列着世界各国的艺术珍品。在不同楼层之间配有由金属打造的楼梯,灿烂夺目。

三、工程的主要殿厅

凡尔赛宫的主要殿厅位于宫殿的主楼二层,尤以大理石庭院和镜厅最为精美。

大理石庭院坐落于凡尔赛宫的正面入口处。庭院是一座三面围合的小广场,并以大理石为主要建筑材料。建造之初的墙面主要由红砖堆砌,后期加以大理石雕塑和金饰进行修饰。而地面使用的则是红色大理石材料。

镜厅是凡尔赛宫的又一著名殿厅,因较为狭长,且主要用于连通左右两个大厅,又被称为镜廊。镜厅长73米,宽10米,高12米。其中一面是由17扇玻璃组成的大型落地窗,另一面是由483块镜子组成的巨型镜面。镜厅的天花板上绘有著名画家勒勃兰的油画,展现了当时波澜壮阔的历史场景。24具水晶吊灯依次悬挂在拱形屋顶上方,将波西米亚风格展露无疑。墙壁以大理石进行装饰,地板则为木质材料,并雕琢有精美的花纹。镜厅的内部家具多为纯银制作,一些细节部位以黄金进行打造。

位于主楼东部的国王套房是整个凡尔赛宫的政治活动中心。套房中央是国王的卧室,摆放着金红织锦大床和绣花天篷,并在天花板上雕刻着大型浮雕。套房北端是会议室,南端为朝臣觐见的场所,东面是卫兵室。而阿波罗厅则是装修极尽奢

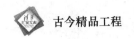

华的国王御座厅。铺有波斯地毯的高台之上是纯银的国王宝座,墙壁为金银丝镶边的天鹅绒装饰材料,天花板上是镀金雕花的浮雕。

此外,美轮美奂的凡尔赛宫内部还收藏有各种奇珍异宝的丰收厅、配有整套纯银材质家具的维纳斯厅以及以瓷器装饰墙面的狄安娜厅等。在北翼楼群的南端还建有教堂和剧场。剧场可以容纳 750 名观众同时观看。为了达到极佳的照明效果,剧场里安放了 3 000 多根蜡烛。

四、工程的建筑问题

修建凡尔赛宫,工程浩大。整个修建过程共有 30 000 多名建筑师、工程师以及工人,6 000 余匹马参与其中,并克服了一系列技术难题。虽然凡尔赛宫宏伟壮观、富丽堂皇,但仍然存在着一些建筑问题。

凡尔赛宫所处地方的土质较为松软,因此宫殿建造过程中经常出现地基塌陷的情况,并多次造成大量建筑工人因工程事故而丧生。宫殿建造附近存在沼泽,其中散发的湿气同样威胁着建筑工人身体的健康。

在设计上,设计者过多考虑的是建筑物本身的奢华程度,而非使用的实用性。宫殿设计之初没有将盥洗设备考虑在内,因此给后期的使用过程造成了极大的不便。此外,宫殿设计过于强调高大雄伟,在墙体保暖性能上还有待于增强。这些都是凡尔赛宫的弊端所在。

第三节　北京故宫

一、工程的基本介绍

北京故宫坐落于中国首都北京市的中心,是中国明、清两代的皇宫,意为"过去的皇宫"。故宫又名紫禁城,于明朝永乐四年开始修建,历时十八年并于明朝永乐 18 年完工,后又在其原有基础上进行过不断的修缮和扩建。距今已有 500 年的历史,历经明清两个朝代,共 24 位皇帝。

北京故宫占地面积 72 万平方米,建筑面积 15 万平方米,共有楼宇 8 000 余间。故宫整体上分为"前朝"和"内廷"两个部分,由里至外分别由城墙和护城河环绕四周。宫殿四角各有一座角楼,四面各有一个城门,正南方向的午门为故宫的正门。同时,北京故宫因其藏有上百万件的珍贵历史文物,又被称为一座可以移动的博物馆。

北京故宫不仅是近代中国的最高权力中心,也是中国古代的建筑精华,是世界上现存规模最大、保存最为完整的木质结构的古建筑群。与美国白宫、俄罗斯克里姆林宫、英国白金汉宫、法国凡尔赛宫共同称为世界五大宫殿。1987 年,联合国教科文组织将北京故宫列入世界文化遗产名录。

二、工程的结构布局

依据不同建筑的布局和功能的不同,可以将故宫内部共计 8 704 间房屋分为"外朝"与"内廷"两个部分。二者以乾清门为界,南为外朝,北为内廷。

外朝是中国古代皇帝处理政务的场所。外朝中央的中轴线上,从南至北依次坐落着太和殿(俗称"金銮殿")、中和殿、保和殿。外朝的东端有文华殿、文渊阁、上驷院、南三所;西端则为武英殿、内务府等。整个外朝建筑视野开阔、庄严肃穆、宏伟壮丽,象征着至高无上的封建皇权。

内廷是封建帝王与太后、皇后以及嫔妃生活起居的场所。内廷中央的中轴线上由南至北分别为乾清宫、交泰殿、坤宁宫,为整个内廷的中心。东部为养心殿、东六宫、西六宫、斋宫、毓庆宫;西部有慈宁宫、寿安宫等。内廷的后部为供休闲娱乐使用的御花园,建有苍松翠柏、玲珑假山、亭台楼阁。整个内廷排列紧凑、东西六宫自成一体,在风格上也与"外朝"有所不同,多富有生活气息。

"外朝"与"内廷"的外围是故宫的宫墙,具有防御的作用,高约 10 米。其中,南北长 960 米,东西宽 753 米。宫墙的外围是一条长 3 800 米的护城河,宽 52 米,深6 米。故宫的最外围是高近 10 米,底宽 8.62 米的城墙。长约 3 千米的城墙四面各设有四个大门,从东面起,依次为东华门、午门、西华门、神武门。城墙的四角还建有 4 座精巧玲珑的角楼,每个角楼高 27.5 米,有 3 层屋檐,72 个屋脊。

北京故宫,布局协调、气势宏伟。黄色的琉璃瓦、正红的砖木结构、青白石底座、色彩明艳的彩绘图案,见证了从明永乐十八年到清朝、近代中国的历史变迁。

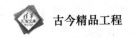

三、工程的设计特点

北京故宫在建筑上体现着汉式建筑的风格,同时也是汉式建筑的集大成者,无疑将汉式建筑特点展现得淋漓尽致。

(一)坐北朝南

故宫的整体结构布局为坐北朝南。工程施工时,为了确定建筑方位,古代劳动者以直立的华表指示正确的方向。"表"即为直立的标杆,长度相同的两个华表,其日影长度相等两点的连线即为东西的方向。

(二)中轴线布局

整个故宫呈中轴线式布局。按中轴线的分布方位不同,分为中央中轴线和次要中轴线。

在故宫内部,中央中轴线处于中心位置,并贯穿于故宫的南北两端。在"外朝",中轴线上矗立的是代表中国古代封建帝王政权中心的故宫三大殿(太和殿、中和殿、保和殿)。在"内廷",中轴线上分布的是供帝后生活居住的后三宫(乾清宫、交泰殿、坤宁宫)。次要中轴线主要位于故宫的内廷部分。在"内廷"的左右两侧,从供太上皇使用的宫殿到宁寿宫,从供太后、太妃使用的宫殿到慈宁宫,各有一条次要中轴线。位于中央中轴线和次要中轴线之间的,即为后宫嫔妃的东西六宫。

中轴线的布局方式使得故宫的规划布局和谐统一,突出了中国古代帝王"普天之下,唯吾独尊"的宏伟庄严的壮观气势。中轴线不仅贯穿于故宫内部,在整个老北京城的南北方向,从南端的永定门到北端的钟鼓楼,都贯穿着中轴线布局。

(三)对称结构

整个故宫以中轴线为对称中心,无论是外朝的大殿,还是内廷的宫宇,甚至是楼阁、台榭、廊庑、门阙等建筑,都严格按照左右对称的方式进行排列。这种左右均衡的构造手法,将故宫建筑很好地组合成一个整体。因而,整个北京故宫上下都充分体现了"前朝后寝,左祖右社"的封建帝王宫殿的建造原则,凸显着森严的等级制度和至上的皇权。

（四）砖木结构

故宫殿堂的顶部为木质屋顶加黄色琉璃瓦屋顶,中间为大型木质柱子支撑,底部为石质基石,使得整个故宫建筑坚固牢靠。

（五）装饰材料

在长廊、窗棂、栏杆、墙壁、天花板上都绘有或雕刻着不同的花纹和图案,如花鸟鱼虫等动植物图案、几何纹样以及文字花纹。对于故宫而言,一些建筑细节上的装饰物,除具有装饰的作用外,也是建筑物的构件之一,同时具有一定的象征意义。宫殿屋顶正脊吻及垂脊吻上的陶质兽头、戗脊上的陶质蹲兽、歇山式屋顶上的宝顶具有驱邪、保平安的寓意。故宫的颜色选择上也极其讲究,屋顶为金黄色,墙体为赤红色,檐枋为蓝碧色,栏板石阶为白玉色。颜色种类较为基础,却形成了强烈的对比,衬托了故宫的气势。

四、工程的主要宫殿

（一）故宫四门

在故宫的东西南北四个方向均设有宫门。虽名为“门”,但在建筑结构上为“殿”的形式。

午门是故宫的正门,俗称五凤楼。午门呈“阙门”结构,中央是重楼大殿,东西北三面是 12 米高的城台;前方是自然环抱形成的矩形广场,后面是五座汉白玉拱桥。午门气势巍峨,高度位于故宫宫殿群之首,是中国古代最高级别的大门形式。

同午门一样,神武门的形式为城门楼样式,采用的是最高等级的重檐庑殿式屋顶。但因其是供日常出入使用的后门,在规模等级上较午门偏低。在故宫的东西两侧,分别是形制相同的东华门和西华门。

（二）外朝三大殿

穿过午门,经过“外朝”的大门——太和门,跨过金水河上的 5 座汉白玉桥,就是“外朝”中面积达 3 万平方米的庭院。在这视野开阔的庭院上,坐落着高矮不一、形状各异的外朝三大殿——太和在前,中和居中,保和在后。

外朝三大殿均修建在基台上方。基台使用的是汉白玉材料,高 8 米,三层重叠,整体呈工字造型。同时,基台表面辅以龙头、望柱、栏板以及蟠龙等雕刻图案做装饰,形成了中国古代经典的建筑装饰风格。这种独特的装饰结构除了具有美观的艺术效果外,还兼有排水设施的功能。在栏板的下方以及龙头位置均设有小型的孔洞,积聚的雨水会从这些孔洞中流出。而由龙头流出的雨水又形成了雨季独有的千龙喷水景观。

三大殿中的第一座宫殿为太和殿,是举行重点仪式典礼的场所。殿高 35 米,东西长 63 米,南北宽 35 米,面积达两千多平方米。因此,太和殿是故宫中面积最大、形制规格最高的建筑,也是中国最大的木构殿宇建筑。太和殿是重檐庑殿式,即屋顶呈五脊四坡的结构形式。大殿中间有直径 1 米的柱子 72 根。太和殿内部装饰庄严绚丽,富丽堂皇,中央设有金漆雕龙宝座。

中和殿是三大殿中的第二座宫殿,也是三大殿中面积最小的宫殿。中和殿的平面呈正方形,其屋顶形式为四角攒尖式。三大殿中的第三座宫殿是保和殿,平面呈长方形,屋顶形式为歇山式。

(三)内廷后三宫

乾清宫是内廷后三宫中的第一座宫殿,也是内廷正殿。殿高 20 米,屋顶为重檐庑殿顶形式。在宫殿的内部,中央设有宝座,上方为"正大光明"牌匾。乾清宫是中国古代封建帝王的寝宫。宫殿的东面为储放衣物的端凝殿,西面为存放图书翰墨的懋勤殿,南面则是上书房。

内廷后三宫的第二座宫殿为交泰殿,有"天地交合、康泰美满"之意。宫殿为方形殿,屋顶为四角攒尖式。内廷后三宫的第三座宫殿为坤宁宫,为重檐庑殿顶。

五、工程的建造过程

北京故宫规模宏大、建筑精美,是中国古代劳动人民汗水的结晶,充分彰显了中国古代劳动人民的智慧和才干。

北京故宫的建造过程共动用各种能工巧匠 23 万、民工百万。修建过程中所需的木材多来自西南各省。木材不仅数量繁多,在形状上也多为整块木材。因此,多借助汛期水位激增的河道作为搬运工具。修建过程中所需的石料多采自北京远郊。石料繁重且体积庞大,多利用大量的木材作为滚动工具进行运输。

第五章
民用类精品工程

第一节　帝国大厦

一、工程的基本介绍

　　坐落于曼哈顿第五大道 350 号的帝国大厦,是一座闻名遐迩的摩天大楼,也是美国纽约市的地标性建筑。

　　帝国大厦共有 102 层,其高度在全美位列第三。大厦修建于 1930 年 3 月,并于 1931 年 5 月正式竣工。整个工程耗时仅 410 天,堪称世界建筑历史上的奇迹。大厦的修建时间正处于西方经济危机时期,因而充分象征了美国社会、经济的全面复苏。

　　帝国大厦代表了美国的经济发展和商业文化,是美国国家历史地标。同时,帝国大厦被美国土木工程师协会认定为世界七大工程奇迹之一,并与美国自由女神像一起成为纽约市的标志。

二、工程的结构布局

(一)简要概述

　　帝国大厦原高 381 米,1951 年因增添天线,使总体高度达到 443 米。大厦的占

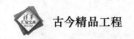
地面积为 0.8 公顷,102 层的高度使得总建筑面积达到了 204 385 平方米。

整个大厦为钢筋混凝土结构,采用的是当时最轻的建筑材料。在帝国大厦内部,一共设有 1 860 级台阶、6 500 个窗户、73 部电梯。

大厦整体呈铅笔形,外立面主要采用壁阶式结构。这是纽约市分区条例的要求,为了保障街区光线充足和空气流通。

在大厦的 86、102 楼分别建有露天瞭望台,可以在天气晴朗时俯瞰方圆 100 千米的景色。大厦顶端的 30 层的外立面均以彩灯装饰。在盛大节日或重大事件时,灯光的颜色也会随之发生改变。

(二)装饰艺术

大厦的整体建筑风格为装饰艺术风格。窗户之间主要以山形臂章图案为主,内部的大厅则基本采用色彩多变的大理石进行装饰。在大堂中,最让人为之瞩目的是一幅帝国大厦的不锈钢画像。天花板上则是一幅华丽的大型壁画。

三、工程的施工过程

(一)建筑形式

在帝国大厦的建造时期,钢材焊接技术以及钢架建造体系等相关技术已经得到了长足的发展,并日渐趋于成熟,为帝国大厦等超高层建筑的设计施工奠定了坚实的基础。

帝国大厦采用的是筒中筒结构形式,即主要是由内筒和外筒两个主要结构组成。其中,外筒为由密柱深梁框架围成的框筒或桁架筒形式,而内筒则为由剪力墙围成的实腹筒形式。这种悬臂式的建筑结构具有良好的空间受力能力和抵抗侧移刚度的优良性能。同时因其对称性,筒体建筑结构具有一定的抗扭刚度。

此外,帝国大厦为了保证建筑的牢固程度,综合运用了帷幕墙和钢结构的建筑施工理念,即铆接钢结构外覆砖石帷幕墙的建筑技术。在大型帷幕墙中,涵盖了石灰石间柱、铝装拱腹、钢条、窗户等基础结构。而钢结构的使用除了增加楼体的安全性能,还可以有效遮挡间柱和拱腹的缝隙,减少一定的装饰材料,同时大大缩短了建筑时间、提高施工效率。

（二）修建过程

虽然帝国大厦的修建是当时的百万富翁为了彰显自己的富有,但不得不说102层的超高建筑被世人称之为世界空中轮廓线的杰作。

整个大厦的施工过程中共涉及约四千名工人,大厦的建造速度是每星期建4层半,可谓速度惊人。高效率的施工使得大厦的工期比预计缩短了5个月。所用的建筑材料包括5 660立方米的石灰岩和花岗岩、1 000万块砖以及730吨铝和不锈钢。

为了节省工期,设计和施工方在人力、财力等方面做出了许多创造性的举措。例如,为了提高现场的建材运输效率,修建了带有坡道的材料堆场以及附有铁轨和车厢的运输装置。这样建筑材料可由堆场的坡道滑到运输车厢中,继而输送到指定的施工位置。此外,其他相关施工部分,如水电等均及时跟进,使得帝国大厦的建筑过程犹如工厂的生产线一般,大大提高了工作效率。

四、工程的主要用途

帝国大厦在建造之初确定的用途即为办公使用的写字楼。因地处曼哈顿的繁荣地区,帝国大厦吸引了大量的来自海内外、涉及各个领域的大型公司。在这里,帝国大厦因其名声大噪,不仅提高了公司的知名度,也有力地彰显了公司的实力。

除了具有办公的功能,帝国大厦内部还设有酒吧、博物馆等设施,因而也成为纽约市著名的旅游胜地。1994年以来,这里还成为新人们举行婚礼和庆祝情人节的场所。此外,自大厦建成以后,这里已经为90余部电影提供了取景点。

五、工程的后期维护

为了响应当前的环保要求,帝国大厦于2010年7月28日斥资2 000万美元,对大厦进行了一系列的节能改造。例如,引进新的智能节能中央空调系统,在暖气片上安装绝缘屏障以有效减少热量流失,以及更换更具保温效果的玻璃窗等。

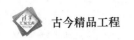

第二节　加拿大国家电视塔

一、工程的基本介绍

加拿大国家电视塔坐落于加拿大安大略省的多伦多市，是一座闻名遐迩的电波塔，又名加拿大国家塔、多伦多电视塔、西恩塔。

加拿大国家电视塔于 1973 年开始建造，于 1976 年全面竣工。整个工程由加拿大国家铁路公司负责。国家电视塔的建筑结构属于钢筋混凝土结构，塔身高度为 553.33 米，其高度在世界通信塔中位居第二，在世界自立式建筑物中位居第三。

加拿大国家电视塔是加拿大多伦多市的地标建筑，也是整个国家的象征。因其拥有无与伦比的结构与外形，因而享有"世界建筑史上的奇迹"的美誉。1995年，加拿大国家电视塔被美国土木工程师协会列为世界七大工程奇迹之一。同时，加拿大国家电视塔也是世界名塔联盟的成员。

二、工程的结构布局

（一）基本结构

加拿大国家电视塔的高度为 553.33 米，一共设有 181 层。整个电视塔分别由基座、高空楼阁、太空平台和天线塔四个部分所组成。

基座位于加拿大国家电视塔的下端，为三角柱型结构。餐厅、商店、电影厅、儿童乐园均位于下端基座的内部。此外，基座内部还设有显示世界天气和时间的大型电子屏幕等基础设施。

高空楼阁位于国家电视塔 335 米处的位置，外形结构犹如轮胎。高空楼阁是整个电视塔的核心组成部分，内部设有室内外观察平台、旋转餐厅和夜总会。其中，观察平台所使用的地面材料为玻璃，这也是其特别之处。天气状况良好时，观察平台的可视范围可以达到 120 平方千米。旋转餐厅旋转一周的时间为 65 分钟，可以同时满足 425 人的就餐需求。因此，人们既可以品尝到佳肴的美味，也可以同时体验到登高远眺的别样风情。此外,各种通信设备,如播音室,也设于高空楼阁内部。因而,人们可以随时了解市内外的各种信息。

太空平台位于国家电视塔447米处,是电视塔白色塔针的基座。太空平台拥有世界最高的观察平台,外形结构为圆盘状,形如飞碟。因观察平台直插云霄的高度,站在平台上远眺的人们经常置身于层层云雾中。据说天气晴朗时,可以看得到位于加拿大和美国交界处的尼加拉瓜瀑布以及美国纽约州的曼彻斯特。

天线塔位于太空平台的上方,是一组发射天线。整个天线塔的高度为102米,共由42节钢架组合而成。天线塔呈白色,远远望去犹如一把银光闪闪的利剑,高耸入云。

(二)设计特色

1. 电梯之旅

为了满足人们登高远眺的目的,在加拿大国家电视塔的内部,共安装有六部高速电梯。每小时22千米的高速运行,可以在58秒内就将游客从电视塔塔底送至塔顶,整个升降过程为346米。六部电梯不仅是世界速度最快的观光电梯,也是全球最高的外罩玻璃地板电梯。不得不说,加拿大国家电视塔的高速电梯让人们体验到了"世界顶级电梯之旅"。因而,加拿大国家电视塔的"电梯之旅"在世界十大电梯之旅中位居第一。

为了让人们体验到更加精彩的"电梯之旅",加拿大国家电视塔也对高速观光电梯进行了部分的改造工作。具体来说,就是在其3.64平方米的电梯地面中安装两块玻璃板。玻璃板的面积为0.6平方米,厚度为0.05米。因此,站在电梯的内部,通过透明的玻璃地板,就可以在全程346米的高速电梯运行过程中俯瞰整个多伦多的城市风光。

2. 其他

除了世界顶级的"电梯之旅"外,在加拿大国家电视塔的内部还设有一道供紧急状况使用的金属楼梯。楼梯拥有世界第一的高度和长度,整个楼梯的高度为447米,共有2 579级台阶所组成。

加拿大国家电视塔同样保持着几项世界之最。例如,电视塔拥有世界最高的观景平台,其高度为447米;世界最高的玻璃地板,高度为342米;世界第一高的酒

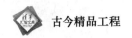

吧,高度为346米;以及世界第一高的旋转餐厅,高度为351米。其中,位于电视塔旋转餐厅的内部,有一座被列入吉尼斯世界纪录的酒窖,该酒窖因拥有加拿大最多的葡萄酒藏品而闻名于世。

三、工程的建造过程

(一)建造目的

总地来说,建造加拿大国家电视塔主要在于其实际使用价值。

19世纪60年代,快速发展的国家经济使得众多摩天大楼开始拔地而起。新建的高楼大厦将大量的广播电视信号屏障。因此,原来的电视发射塔的高度已经无法满足日常的使用需求,建造一个具有一定高度的电视塔就逐渐被放上日程。

(二)设计方案

加拿大国家电视塔的设计方案对造型与功能具有一定的要求。因此,需要一种全新的结构与之相匹配。

国家电视塔塔楼的楼层由钢筋混凝土环板支承。而环板的内外两侧则分别由八边形筒体和钢筋混凝土承担。因此,由环板与斜撑形成的框架体系构成了直径为36米的塔楼。

发射机房楼层的最大直径为54米,内外侧分别支承于筒体环墙梁与曲面预应力钢筋混凝土钢架。因此,整个发射机房内部因没有承重柱,使得空间的使用率和灵活性都大为提高。

(三)修建历程

加拿大国家电视塔修建于1973年2月,于1976年2月全面竣工。共由1 537名工人经过每天24小时不间断地工作,最终历时三年完成工程任务。

1974年2月22日,整个工程的混凝土浇铸工作全部完成。整个塔身的混凝土浇铸量达到40 524立方米。此后,工程全面进入安装天线的最后阶段。发射天线的高度为102米,共由44块大型的金属块所组成,金属块的最大重量高达8吨。为了确保发射天线安装工作的顺利进行,工程启用了巨型起重直升机。被运送到高空的大型金属块,由负责高空作业的工人完成一系列相应的焊接、安装、组合工作。

第三节　流水别墅

一、工程的基本介绍

　　流水别墅坐落于美国宾夕法尼亚州匹兹堡市郊区的熊溪河畔,堪称是现代建筑的杰作。

　　流水别墅的主人为匹兹堡百货公司老板考夫曼,因而又被称为考夫曼住宅。别墅由著名建筑师弗兰克·劳埃德·赖特进行设计,于1936年正式完工。整个别墅共分为三层,总建筑面积约为380平方米。流水别墅是一栋名副其实的有机建筑,在设计建造上与自然很好地融为一体;在空间的内外处理上,做到了相互延伸、自由穿插,使得整个别墅浑然一体、相得益彰。

　　流水别墅被世人看作是价值观念的体现,代表着人类的理想生活。与此同时,因其蕴含的有机建筑理论,因而在世界现代建筑历史上具有不可替代的重要意义。

二、工程的结构布局

　　流水别墅的外形带有浓厚的雕塑感,块体与块体之间相互组合,建筑之感油然而起。从外围看去,两个超大的平台上下错落有致,溪水由平台下方自然流出,整个建筑与自然相互交融、焕然一体。

　　流水别墅是一座三层结构的别墅建筑。在刚劲有力的墙柱支撑下,每一层建筑犹如一个生动的托盘,连接着钢筋混凝土结构和自然生态环境。

　　第一层自然通透,几乎是一个没有进行分割的完整大房间。各个区域按照使用功能的不同,自然地各自成为一处单独的空间。别墅一层虽然只有7英尺高,但却与周围宽大的玻璃相互映照,使得别墅外围的生态景观自然呈现。此外在别墅一层,还设有楼梯与下面的水池相连。

　　流水别墅的二层和三层主要是卧室。以二层主入口处的起居室为中心,其余各个卧室依次排开。二层的阳台与一层相互交错,其延伸部分被设计成一种格栅。

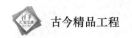

在二层东南角的格栅梁处,是八个矩形顶窗。其中四个顶窗位于室外,另外四个则位于室内书桌书架的上方。

三、工程的设计特点

修建于瀑布之上的流水别墅名副其实,这种原生态的建筑充分体现了建筑师赖特的"方山之宅"的设计理念。因而,流水别墅是用建筑阐释自然,是空间与时间并存的典范,也是一种在平衡中相互较量的正反力量。总体来说,流水别墅具有以下几个特点。

(一)独特的空间布局

秉持着与自然和谐统一的理念,这座层次多样的别墅建筑仿佛是从周围的环境中自然生长出来一般。

别墅外部,几条纵横交错的石墙,形成水平与垂直的构图,增加了建筑的厚重感。外延的平台、挑板、便道、棚架,每一个都与建筑自身有着密不可分的联系,又与四周的生态环境很好地相互融合。站在宽大的平台上,可以享受蔚蓝的天空和清新的空气。杏色的挑板则与草丛中生长的毛石墙面相得益彰。别墅内部,连接起居室与下方溪流的楼梯成为沟通内外空间的桥梁,让人流连忘返。室内空间自由延伸、互相穿插;相互分割却又自成一体。别墅各层设计变化多端,有的围以石墙或者大玻璃窗,有的封闭,有的则宽敞明亮。

(二)多变的光线设计

行走于流水别墅中,那多变的光线设计,使人犹如在梦境中。

别墅的光线主要来自于东、南、西三侧,并以源自天窗的光线最为明亮,使得整个别墅乃至通往下方溪水的楼梯的自然光线都十分充足。相较而言,别墅北方的光线主要是从外部的山石中反射而来,使得房间光线柔和朦胧。总体来说,室内空间的光线富于变化,这也让整个别墅充满了勃勃生机。

(三)材料的自然选用

为了达到与自然的统一,流水别墅在选用的建筑材料上也更倾向于原生态。在建造过程中,所有的建筑支柱均为大型的岩石。为了达到与自然的和谐统一,一些天然岩石直接裸露在起居室的地面之上,壁炉则是用山石直接雕砌而成。

第四节　苏　州　园　林

一、工程的基本介绍

园林指的是通过在某一地域中运用一定的工程技术和艺术手法,将建筑、树木花草、路径等自然和谐地融为一体。在众多的园林中,尤以苏州园林堪称中国园林的代表之作。

苏州园林位于中国江苏省苏州市,是苏州市内各种园林的总称,包括私家园林、佛教园林和王家园林,并以私家园林为主。苏州园林,又被称为苏州古典园林。园林建筑可以追溯到公元前514年春秋吴国建都时期,后形成于五代,在宋朝逐渐走向成熟,并最终在明清时期达到顶峰。从春秋时期到清末,苏州园林共有170余座,目前保存完好的有60余座。苏州园林采用缩景的艺术创造手法,以小见大,使得苏州享有"园林之城"的赞誉。

苏州园林被世人称作"咫尺之内再造乾坤",是中华园林建筑艺术的瑰宝和骄傲。1997年,联合国教科文组织将拙政园、留园、网师园和环秀山庄作为苏州园林的代表列入世界文化遗产名录。2000年,联合国教科文组织又将沧浪亭、狮子林、耦园、艺圃和退思园作为苏州园林的扩展项目列入世界文化遗产名录。其中,分别形成于宋、元、明、清时期的沧浪亭、狮子林、拙政园、留园,因具有四个不同朝代的建筑艺术风格,意境深远、构筑精致,被称为苏州四大名园。

二、工程的造园手法

中国园林的建造艺术手法深受中国传统文学以及书法绘画的影响,是一种文人骚客写意山水的写照。中国园林历史悠久,主要包括皇家园林和私家园林两大派别。二者因政治、经济、文化等条件的不同,在地理分布和建筑特点上均有所差异。皇家园林集中在北京一带,以气势宏伟、整齐富丽为主要特点;私家园林则以

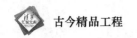

苏州园林为代表,以精致小巧、淡雅写意见长。

苏州园林在造园手法上最大的特点就是"移步异景",特别注重将内部空间与外部世界相互融合、相互映照,在观赏位置及景物安排上均有巧妙的思路和创造性的设计。总地来说,苏州园林在造园手法上将"借景"与"对景"的技艺发挥得淋漓尽致。

"借景"指的是将他处之景"借"到园内的观赏视线中。借景分为远借、近借、邻借、互借、仰借、俯借、应时借 7 类。例如,将园外景色收纳于园中即为远借;以一处景观映衬他处景观则为互借。具体方法主要有透视线法、去障碍物法或提升视景点高度等。通过运用"借景"的造园手法,将无限收于有限之中,可以增加景物的广度和深度,提升观赏的层次,大大丰富游览的内容。具体来说,如人们可在沧浪亭的花窗中看见院内的竹林;在拙政园的倚虹亭中欣赏到园外的报恩寺。

"对景"指的是分别在两处不同的景观上可以互相欣赏彼此的造园手法。对景分为正对和互对。其中,在视线终点或轴线端点设景为正对;在视点和视线的一端或轴线的两端设景为互对。对景的造园手法主要适用于观赏受限,无景可借的情况,可谓是别有洞天。例如,留园石林小院中,院北的揖峰轩与院南的石林小屋隔山相对;怡园的藕香榭与假山亭台隔池相望,真是独具匠心。

除了"借景"与"对景"的造园手法,苏州园林还综合运用了"多样统一"、"迂回曲折"等多种造园手法。万般造园手法使得苏州园林充满无穷的意境,是美学上的经典。这种园林景致与游览心境相互映衬,产生出了情景交融的艺术境界。

通过多种造园手法的综合运用,内外空间自由连通,内外景致相互流动。漫步于苏州园林中,庭台楼榭、游廊小径、假山林丛、落花流水,各种景观交相呼应、虚实交错,游览者仿佛在真实的世界与梦幻的空间中自由穿梭。

三、工程的园林文化

(一)丰富的文化内涵

中国的园林文化具有悠久的历史,与西亚、希腊并称为世界三大园林发源地。而苏州园林作为中国园林的典范,更具有与众不同的深厚园林文化内涵。

首先,苏州园林主要是一种"私家园林"。这种园林作为一种皇亲贵族、文人骚客的私邸,是满足个人生活需求而建立的,具有为私服务的属性。即通过将古典建筑、文学艺术、自然风光完美地融合,创造出一片写意的山水园林。

其次,苏州园林是一种"风景园林"。通过秉持"自然美"的理念,将自然与建筑合二为一、融为一体,形成了"虽由人做,宛自天开"的建筑文化特色。在设计中,吸取江南建筑艺术的精华,因地制宜,采用多种造园手法,将有限与无限相互转换,创造出了与众不同的景观效果。

再者,苏州园林是一种"文人园林"。除建筑和自然外,园林中还有大量的匾额、楹联、书画、雕刻、碑石、家具陈设、摆件等艺术精品,代表着中国传统的文化氛围,彰显着文化理念和审美情趣,使得苏州园林处处充满着诗情画意和文化底蕴。

(二)独特的艺术特点

在中国园林文化漫长的发展过程中,苏州园林形成了自己独有的艺术特点。

1. 完善的生活居住环境

苏州园林很好地将住宅与园林合二为一,兼具居住、观赏、游玩多种功能。这是一种在繁华闹市中寻求自然洒脱的居住环境的一次创举。因而,苏州园林的建造美化、完善了人类自身的生活居住环境。

2. 写意的山水艺术思想

苏州园林的设计思想与中国传统文化,尤其是中国古典文学和古代书法绘画有着千丝万缕的关联,并深受其影响。因而,整个园林的结构布局宛若一幅秀美、写意、洒脱的山水画卷,凸显着精致小巧而又自由淡雅的艺术意境。

3. 传统的思想文化载体

除了注重建筑及景观本身的设计,苏州园林也着重赋予整个园林一定的文化底蕴,彰显中国的传统文化思想。在园林、厅堂以及亭台楼阁的命名,匾额、楹联的选择,花木山石的寓意,乃至雕刻装饰、历代名家的书画收藏,无一不凝聚着一定的历史文化思想,富含着浓厚的精神底蕴。

四、工程的代表之作

苏州园林的建造历史十分悠久,开始于公元前 514 年的春秋时期。史书中记

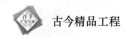

载的最早的一处园林为东晋时期的辟疆园。在苏州园林发展的明清鼎盛时期,园林遍布苏州古城。

(一)园林名录

广义上,如果按照修建者和使用目的的不同,大体上可以将苏州园林划分为私家园林、佛教园林以及王家园林。但目前人们所说的苏州园林主要指的是私家园林。

其中,私家园林主要有沧浪亭、狮子林、拙政园、留园、网师园、艺圃、环秀山庄、耦园;佛教园林主要有报恩寺(北寺塔)、西园、寒山寺、双塔、瑞光塔;王家园林主要是虎丘(吴王阖闾墓)、灵岩山(吴王行宫)。

(二)四大名园

1. 沧浪亭

沧浪亭是苏州四大名园中历史最为久远的一处园林。建于北宋年间,位于苏州市南部的三元坊,占地面积 1.08 公顷,为文人苏舜钦的私人花园。

沧浪亭以山石为主要核心景观,古典建筑位列四周。山石之上为古木,山石之下为流水。起伏的长廊将建筑、山水景观自然连接。著名的沧浪亭就雄踞在层峦山石之上。竹子作为沧浪亭的传统植被,点缀在园林之间,成为全园的特色。而整个园林的主体建筑即为假山附近的"明道堂",为最大的阔三间结构。此外,沧浪亭108 式漏窗,图案花纹富于变化,各不相同。

总体来说,沧浪亭的特点即为"自然",简洁质朴,落落大方。既不随意斧凿,也不妄加雕饰。园林整体表现得当,宛如天成。

2. 狮子林

狮子林位于苏州市东北部的园林路,占地面积 1.1 公顷,始建于元朝至正二年。狮子林原为菩提正宗寺的后花园,因园内山石林立,形如狮子,再加之取佛经中狮子座之意,故名"狮子林"。

狮子林主要分为祠堂、住宅、庭园三个部分。园林入口处为贝氏宗祠所在地。住宅区中以宏丽的燕誉堂为中心,庭院设计采用"层层引入、步步展开"的手法,使得空间显得灵动而富于变化,也为位于北部的庭园起到了绝妙的铺垫作用。

狮子林中尤以假山最为著名,其规模在目前中国园林中为最大,因而具有很高的价值,被称为"假山王国"。假山整体采用迷宫式的布局方法,21个洞口将9条线路上的假山彼此相连,蜿蜒曲折而又错综复杂,情趣盎然。假山造型各异,且大部分来自于与佛教有关的人相、狮型、兽样,佛理赋予其中,烘托了一定佛教氛围。

园林中的水景造型多变,大型水景中包含了亭台、曲桥,所谓聚中有分。加之水中游鱼,岸边垂柳依依,构成了一幅清丽的画面。而水源的处理也颇显睿智,将山石做成悬崖状,使水流倾泻而下,形成了别具一格的假山瀑布。

在植被的选择上,多与园林的设计相协调,与诗词匾联相呼应。古柏和白皮松主要栽种于东部的假山附近,而梅、竹、银杏则大多种植于西部、南部的山地中。在植被的布局上,采用孤植与丛植相结合的手法,并配以图画的原理加以构图,疏密相间,错落有致。

整个狮子林的建筑风格和设计理念独树一帜,成为苏州园林的典范,同时也对皇家园林的结构布局产生了一定的影响。因此,在北京圆明园和承德避暑山庄中均对狮子林进行了仿建。

3. 拙政园

拙政园位于苏州市平江区,始建于明代正德四年,占地面积5.2公顷。在苏州四大名园中,拙政园是规模最大的一座园林,具有浓郁的江南水乡特色,堪称最为经典的中国私家园林。此外,拙政园与承德避暑山庄、北京颐和园、留园并称为中国四大名园。

拙政园共分为东、中、西和住宅四个部分。其中,中部是拙政园的核心景区,也是整个园林的精华所在。整体风格较为质朴、明朗。中部占地面积约18.5亩,以水池为中心,其余古典建筑依水而筑。在建筑中尤以水池南岸的"远香堂"为主体,并与东西山岛隔池相对。而"倚玉轩"、"香洲"以及西园的"荷风四面亭"三处古典建筑共同形成三足鼎立之势,可共赏池中荷花盛景。

西部名为"补园",占地面积约12.5亩,以水廊、溪涧为主要特色。西部的主体建筑为宴请宾客的三十六鸳鸯馆以及扇亭。位于三十六鸳鸯馆前方的曲尺形水池,装饰华丽。东部原被称为"归田园居",占地面积约31亩,主要有远山、草坪、曲水,较为疏朗明快。

在艺术特点上,拙政园自然典雅,亭台楼阁、山水花木相映成趣,质朴雅致。其次,拙政园以水见长,善于运用约占园林三分之一的大面积水景营造明朗氛围。再

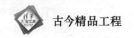

者,拙政园花木绝胜,园林中三分之二的景观均以植物为主。

4. 留园

留园始建于清朝,位于苏州市阊门外,占地面积约 2 公顷。留园尤以建筑见长,其拥有的古典建筑数量位居苏州园林榜首,并主要采用了"咫尺山林,小中见大"的造园手法。

留园包含住宅、祠堂、家庵、园林,分西、中、东三个区域。不同区域以墙相隔,以廊贯通。其中,山景主要集中在西区,水景则位于中区,而古典建筑则坐落于东区。三者共同构成了典型南厅北水的江南庭院。整个园林的外围则为曲折富于变化的廊道,主要由东区的游廊和西区的爬山廊构成。

留园的建筑艺术别具一格,建筑所占面积约占全园面积的三分之一。古典建筑在空间设计上变化多端,层层建筑各成一体,又相互统一,疏密有致、虚实相间。

第五节　福建土楼

一、工程的基本介绍

福建土楼指的是居住在中国闽西南地区的人们用生土构筑大型外围承重墙壁,所形成的具有群居和防卫功能的大型民居楼房。目前主要分布在客家人和闽南人聚居的福建、江西、广东三省交界之处。因而,又被称为"生土楼"、"客家土楼"。

目前,福建土楼总数约有三千余座。土楼具有悠久的历史,并拥有种类多、规模大、结构奇、功能全等特点。这些具有重要价值的土楼,是中国传统民居的艺术珍宝,也是世界上规模最大的民居聚居形式。因而,福建土楼享有"东方古城堡"、"世界上独一无二的、神话般的山区建筑模式"等美誉。

2008 年,联合国教科文组织将由六群四楼组成的,分布在福建省南靖县、华安县、永定县的 46 座福建土楼列入世界文化遗产名录。

二、工程的历史演变

福建土楼的历史最早可以追溯到宋元时期,经过明代的长足发展,于明末逐渐走向成熟,最终于清朝以及民国时期达到顶峰,并一直延续至今,保存完好。

福建土楼的出现与中国历史上中原人大迁徙密切相关。西晋年间,中原人因北方战争频繁、自然灾害等地理历史原因,逐步大举南下,并与当地人们相互融合,共同生活。而闽西南地区,地势险要、人烟稀少,采取民众聚居的居住形式可以有效抵御敌人入侵、盗匪侵害、野兽袭击,同时也是中原儒家思想的具体体现。

土楼主要使用生土构筑墙体,这种建筑方法一直延续至今。最早的土楼主要呈方形,简称方楼,具有宫殿式、府第式等多种形式。方形土楼中间建有水井,同时也是饲养牲畜、堆积粮食的场所。土楼配有坚固的大门,因此整个土楼坚实牢固,兼具居住和防御双重功能。后期,方形土楼因四角阴暗,通风采光受到房屋形状的限制,逐渐被外形呈圆形的土楼所代替。圆形土楼因具有良好的通风采光性,逐渐发展成为福建土楼的主要形式。

因此,利用当地生土而建的福建土楼,依山就势地孕育而生。福建土楼,结构独特、布局合理,符合当地民众聚居的需求。同时,也是大型山区夯土民居建筑,以及生土夯筑技术应用的典范。

20世纪60年代后,这种传统的民居形式逐渐停建。目前福建土楼主要集中在福建永定县和南靖县,且绝大多数至今保存完好并有人居住。

三、工程的结构布局

(一)外部环境

福建土楼在设计上注重通风采光、方便生产生活以及内外交通。因此,通常以向阳避风、临水近路的地域作为最佳的选址地点。

福建土楼一般背靠山脉,坐北朝南。土楼两侧兼有道路、河流,土楼前方修有池塘。如果土楼后面的山势较为高耸,通常会拉大土楼与后山的距离,以防止潮闷,又显得与周围自然生态环境相互和谐。

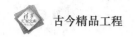

（二）内部结构

虽然福建土楼造型不一,但仍以外形呈圆形的圆楼为主。圆形土楼的半径在50米左右,大型圆楼的直径可以达到70米至80米。圆楼一般为4层至6层,可以居住四五十户人家,最多可以容纳五六百人。

土楼一层主要为厨房所在地,二层主要用来堆放粮食杂物,三层及以上主要用于居住。其中用于居住的房间,其面积基本相同,约为10平方米。同时,呈圆形分布的房间也有利于集中或疏散人群。整个土楼设有一个大门,上下楼梯也是共用。

从空间分布上来说,福建土楼主要具有三大结构,分别为点状柱网结构、线装墙体结构、面装层面结构。圆形土楼的中心为祖堂之地,是商议事情的场所;中间为会客房间及书房,最外围为居住场所。这种依次向外展开的布局,合理地将公共事务和个人事宜相互分开,动静分离,规划协调。

福建土楼的最外围是用生土构筑的墙壁。厚重的墙壁坚不可摧,同时具有保暖、隔热、防潮等优点。同时,土楼一层厨房的烟囱也砌入墙内,保证了厨房内部的干净整洁。

（三）布局特点

从福建土楼的外部环境到内部结构,其设计布局无不体现着建筑学、生态学、伦理学、美学等先进思想。总地来说,福建土楼在整体布局上具有以下三个特点。

1. 以中轴线分布

福建土楼无论外形呈方形还是圆形,均具有显著的对称结构。大门、主楼以及附属建筑等结构都依据中轴线呈对称式分布。

2. 以厅堂为核心

在福建土楼内部,厅堂是整个建筑的中心,其他结构均以此为中心进行组合。而在厅堂内部,则设有主厅。

3. 以廊道为连接

福建土楼的房间众多,但房间外面均以廊道相连,并贯通全楼。这种廊道结构可以很好地将人家相联系,便于居住在此的居民相互沟通,成为一个温馨、团结的大家庭。

四、工程的建筑特色

福建土楼历史悠久,在漫长的形成与发展过程中,造就了独特的建筑特色。

(一)绿色建筑

福建土楼的修建材料来自当地,这种就地取材的建筑方式有利于后续建筑施工过程的循环利用,是一种原生态的建筑模式。且土楼掩映在青山绿水中,与周围自然环境很好地融为一体,是名副其实的绿色建筑。

(二)防御建筑

福建土楼除了具有最为基本的日常居住功能外,还具有良好的防御功能。这种防御功能主要体现在其外部坚固的墙体。墙体的厚度可达 1 米至 2 米,且一、二两层没有与外界相通的窗户。为抵御进攻,土楼大门上还安装有漏水漏沙装置;地下设有暗道,可供居民逃生。当土楼唯一的一扇大门关闭时,整个土楼就成为一座牢不可破的堡垒。

(三)文化建筑

福建土楼同样注重文化的传承和发展。在土楼内部,一般均设有私塾。同时,一些具有文化底蕴的楹联匾额、壁画彩绘同样起到了一定的教育影响作用。一些土楼在命名上也颇有意义。可以说福建土楼是"天、地、人"的合一。

五、工程的主要类型

(一)基本分类

按照形状的不同,大体上可以将福建土楼分为方楼、圆楼以及五凤楼。

方楼是福建土楼最早出现的一种形式,较为普遍,历史也最为悠久。圆楼是在方楼的基础上,克服其不利于通风采光的缺点,而逐渐形成的一种土楼。相较而言,圆楼的面积是最大的,且因其厚重的墙体,因而具有很强的防御功能。五凤楼

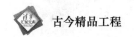

是黄河中游汉式院落在闽西南地区的延续和发展。其以三堂屋为中心的典型结构具有明显的尊卑思想。在建筑形式上,也仅仅在主厅位置采用了生土建墙的形式。

除此以外,福建土楼还有半圆形、八卦形以及变形的凹字形。但仍以圆楼、方楼数量最多,最为常见。

(二)代表之作

目前,入选世界文化遗产的福建土楼主要包括福建省南靖县的田螺坑土楼群、河坑土楼群以及和贵楼、怀远楼;永定县的高北土楼群、洪坑土楼群、初溪土楼群和衍香楼、振福楼;华安县的大地土楼群;武夷山的土楼。六群四楼组成的福建土楼涵盖了完整的土楼建筑样式。

六、工程的建筑过程

(一)材料选用

在福建土楼的修建过程中,对建筑材料的选用尤为讲究。土楼的建筑材料通常均为就地取材,生土、杉木、竹片、鹅卵石等都是大量使用的建筑材料。

福建土楼外墙的修建主要以生土为主要原材料,掺上石灰、细砂、树枝、竹片等,再进行反复舂压。对于生土的处理,主要是配制、复合、发酵。而福建土楼内部的建筑材料主要为杉木。杉木可以承受巨大的压力,因而成为土楼内部主要的承重材料。

种类繁多的建筑材料,再加上严密的处理工艺,使得福建土楼具有很强的牢固程度和抗震能力。

(二)修建方法

修建福建土楼,首先要夯筑最外围的墙体。构建大型墙体时,先开凿墙沟,并以巨石为基石,再以石块灰浆砌基。然后在此基础上使用夹墙板构筑墙壁。作为墙体的主材料,生土中常常夹有石灰石块,以增强牢固性;加入树枝竹片,以加强拉力。重要位置还会掺杂糯米饭、红糖,以增加墙体的黏性。最后在墙体的外面施以石灰,防止雨水风力侵蚀。在形状上,土楼的墙体上窄下厚,位于上方的墙体略微向中心倾斜,形成一定的向心力,可以很好地抵抗地震等自然灾害。

外围墙体建造完成之后,还需要修建柱、梁,三者共同构成一个坚固的整体结构。上述结构主要通过两种方式进行组合,一是墙体和横梁构成结构构架,使房屋重量通过横梁到达墙体;二是以墙体、立柱和横梁三者构成结构构架,使房屋重量通过横梁传递给土墙、立柱,二者共同承担。

福建土楼的建造时间较长,一般为两三年。大型土楼甚至需要耗费数十年的时间。坚固的福建土楼,可以有效地抵御强风、暴雨、大火、地震等自然灾害的侵袭。

第六节　上海东方明珠广播电视塔

一、工程的基本介绍

东方明珠广播电视塔,又被称为"东方明珠",是上海国际新闻中心所在地。东方明珠位于中国上海市浦东新区,地处陆家嘴区域,西面隔黄浦江与繁华的外滩相望。

东方明珠广播电视塔建于 1991 年 7 月,历时 3 年,于 1994 年 10 月竣工。东方明珠高 468 米,其中主体建筑的高度为 350 米。在 2007 年之前,一直是中国大陆的第一高楼。目前,位居亚洲第四,是世界第六高楼。负责设计这一著名高楼的是中国著名设计师江欢成。东方明珠是一座集信号发射、会议、博览、餐饮、娱乐等功能为一体的综合性现代高楼。

东方明珠广播电视塔是中国上海市的标志性建筑,也是上海天际线的重要组成部分。2009 年,上海东方明珠广播电视塔获得"新中国成立 60 周年百项经典暨精品工程"的荣誉称号。

二、工程的结构布局

上海东方明珠广播电视塔主要由塔座、圆筒结构、球体结构以及顶端天线组成。因其包含 11 个大小不一的球体建筑结构,再加上毗邻的上海国际会议中心两个巨大球体,共同构成了一幅"大珠小珠落玉盘"的美丽画面。

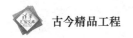

（一）塔座

塔座结构位于东方明珠广播电视塔的最下端，为混凝土基座。主要由 3 000 多平方米的进出大厅和一个近 2 万平方米的商场组成。

此外，在零米大厅内部是上海城市历史发展陈列馆，向外界展示了上海历史的变迁和发展。

（二）圆筒结构

位于上海东方明珠广播电视塔下部的圆筒结构，是三个直径 7 米，与地面成 60 度的斜撑结构；位于东方明珠中部的圆筒结构，是三个直径 9 米，相距 7 米，呈品字形排列的结构。

中部的圆筒结构中设有多部电梯，可以直达东方明珠的任意一层。其中，50 人承载能力的双层电梯和运行速度达到每秒 7 米的高速电梯为中国国内仅有。

（三）球体结构

上海东方明珠广播电视塔的球体结构处于中部的圆筒结构之间，主要包括四个部分，分别为下球体、中球体、上球体以及位于最上端的太空舱。球体结构为球形钢空间网架结构，并以国产新型铝蜂窝金属幕墙板进行贴面。

其中，"下球体"的直径为 50 米，距离地面高度为 68 米至 118 米；"中球体"共有五个，直径为 45 米，距离地面高度为 250 米至 295 米；"上球体"的直径为 16 米，距离地面高度为 250 米；太空舱的直径为 14 米，距离地面高度为 335 米至 349 米。

在功能分布上，各个球体结构各不相同。"下球体"主要是太空游乐城，"中球体"为空中客房，"上球体"则设有广播电视发射机房，而最上端的太空舱则主要是会议厅与咖啡馆。

（四）顶端天线

在上海东方明珠广播电视塔的顶端，是用于发射广播电视信号的天线。118 米长的顶端天线，使得原本 350 米高的主体建筑结构达到了 468 米的新高度。

（五）观光层

除了上述四个组成部分以外，上海东方明珠广播电视塔还以其独特的观光层为特色。

东方明珠主要设有三个世界首部 360 度的主要观光层,分别位于 98 米、263 米及 350 米的高度,可以满足人们全方位俯瞰整个外滩风光以及陆家嘴地区,甚至是上海市周边场景的需求。尤为值得一提的是,在"中球体"259 米的高度处,有一个著名的"悬空观光廊"。观光廊宽 2.1 米、长 150 米,是一个全部由玻璃铺设的环形钢结构观光通道。在这里,人们可以进行"720 度全方位"的视觉体验。

此外,在 267 米的高空设有一家旋转餐厅。这家旋转餐厅每小时可以旋转一周,并且可以容纳 1 600 人进行会餐,同时也是整个亚洲地区最高的一座旋转餐厅。

三、工程的建造过程

(一)设计方案

上海东方明珠广播电视塔的设计之初就充分体现着创新的思想。

"东方明珠"的设计方案在外观上与之前国内外已经竣工的电视塔有着明显的不同之处,且处处彰显着独具匠心的特点。

通过多组圆筒结构构成超大型的空间框架,并且将体积不同、大小不一的球体结构错落有致地镶嵌在巨型框架中,营造出"大珠小珠落玉盘"的别样韵味。整个建筑不仅具有一定的东方传统底蕴,也代表着现代高新科学技术的最新发展。

(二)前期准备

对于整个工程来说,确保精度是保障施工过程的顺利进行,以及整个工程质量与安全的首要前提。例如,整个电视塔的塔身垂直度偏差要严格控制在 50 毫米以内。

在当时的建造时期,主要以激光垂准仪作为保障精度的主要工具。虽然这种方法具有直观性强等多个优点,但是却不适用过高、过长的精度测量。因为,在这种极端情况下会出现测量光斑增大,甚至产生漂移现象,不利于光斑的集中。考虑到上海东方明珠广播电视塔 468 米的建筑高度,施工人员只能摒弃这一工具,独辟蹊径。通过不断地研究和尝试,施工人员确定以天顶垂准仪作垂准测量,以经纬仪作垂准检查,使得整个工程施工的垂直精度达到了万分之一,混凝土的表面质量达

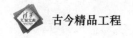

到了清水泥凝土的高标准。

（三）施工技术

在具体的施工过程中，整个工程技术团队面临十大技术难题，有些甚至是世界建筑界未破解的难关。主要有 350 米直筒体混凝土施工、93 米高斜筒体混凝土施工、350 米高度一次泵送混凝土技术、离地高度 141 米至 234 米间回廊飞模施工、307 米超长竖向预应力张拉施工、大面积软土地基深基础施工、球体钢结构吊装施工技术、总重 450 吨钢桅杆天线整体提升技术、筒柱体垂直度测量技术、超高结构垂直运输机具研究应用。

面对一系列的技术难题，科研专家、技术人员以及项目施工队伍通过不断的分析研究，在多项领域进行创新并取得了突破性进展，终于攻克了这十大技术难题，使得工程可以顺利进行并如期完工。

具体来说，上海东方明珠广播电视塔首创了斜筒体支撑技术、离地高度 141 米至 234 米间回廊飞模技术、一次泵送砼 350 米高度等多项尖端科技。通过使用液压可调导轨系统、运用计算机同步控制技术，在高空成功地连续长距离提升大吨位天线钢桅杆。而通过内筒外架整体自升式模板体系，则可以快速提高施工建设的进度。

上海东方明珠广播电视塔在施工技术领域所创造的一系列技术成果，为其赢得了国家科学技术进步二等奖和上海市科学技术进步一等奖的先进荣誉。

第六章 墓葬类精品工程

第一节　古埃及金字塔

一、工程的基本介绍

古埃及的都城——孟菲斯,位于埃及东北部的尼罗河西岸,即首都开罗的西南23千米处。在上下埃及统一后,于公元前3100年由法老美尼斯所建。几经兴衰之后,于公元7世纪走向没落,前后历经800年之久,距今已有5 000年的历史。如今,仅存有拉美西斯二世时代的阿布辛贝神庙遗迹,第18王朝的斯芬克司石像、阿庇斯圣牛庙和第26王朝的王宫遗迹等。

埃及金字塔是奴隶制国家古埃及法老死后埋葬的陵墓,距离古埃及都城孟菲斯8千米。埃及金字塔是古埃及文明的智慧体现,并以其独特神秘的建筑艺术而闻名于世,同时也是古代七大奇迹中唯一一座保存至今的建筑。在数量众多的金字塔中,尤以吉萨大金字塔的规模最为宏大。

1979年,联合国教科文组织将孟菲斯及其墓地金字塔列入世界文化遗产名录。

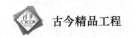

二、工程的历史演变

早在公元前 3500 年,尼罗河两岸陆续出现了若干个奴隶制国家。公元前 3100 年,统一的古埃及王国在此基础上逐渐建立起来,并以孟菲斯作为当时的都城。古埃及国王又被称为法老,被认为是太阳神的化身。为了死后得到永生,在尼罗河下游的西岸陆陆续续地一共修建了约 96 座金字塔。因为古代埃及人认为,尼罗河西岸在太阳西下之时有来世。

埃及金字塔的发展先后经历了马斯塔巴、麦尔、阶梯金字塔和锥形金字塔三个时期。马斯塔巴是古埃及法老最原始的陵墓,外观呈一个方形平台式的石砌造型。后期,为了彰显法老的权威,在平台上方增加了数层阶梯,成为一座方锥形的建筑物,被称为麦尔。

阶梯金字塔的建造始于古埃及第三王朝时期,从此开始了古埃及法老建造金字塔的风气。阶梯金字塔最早由法老祖塞尔建造,也是古埃及第一座大规模的砌石结构陵墓。这座 6 层阶梯金字塔建造于公元前 2650 年,底基东西长 121 米,南北宽 109 米,高 60 米。阶梯金字塔采用花岗岩为建筑材料,并以中央的竖井结构为主要特点。此外,在阶梯金字塔周边还设有一些诸如大厅、庙宇等附属建筑物,并由高达 10 米的围墙包围。

后来,法老胡尼王在修建 8 层阶梯金字塔的基础之上,用石灰石将金字塔阶梯之间的间隙填平,形成了第一座具有角锥体的金字塔,实现了由阶梯金字塔向锥形金字塔的转变。古埃及第四王朝时期,修建大型金字塔的风气依然不减,著名的吉萨大金字塔就出现在这个历史时期。在古埃及第五王朝时期,由于国家财力有限,加之人民反对,修建金字塔之风有所遏制,金字塔的规模较之以往也有所缩小。到了古埃及第六王朝时期,法老的权力逐渐被地方势力篡夺,古埃及逐渐趋于衰亡,建造金字塔之风也由此衰弱。

三、工程的代表之作

在尼罗河下游 96 座金字塔中,吉萨大金字塔是古埃及时期最高建筑成就的集中体现。吉萨大金字塔一共包含 10 座大小不一的金字塔,周边还有一些长方形的台式陵墓。其中,古埃及第四王朝三位法老的胡夫金字塔、哈夫拉金字塔和门卡乌拉金字塔,是吉萨大金字塔中规模最大、保存最完好的金字塔。三座金字塔修建于公元前 2600 年至公元前 2500 年,最初金字塔外层的灰白色石灰石块早已不复存在,只剩下淡黄色的石灰石块。对于古埃及人来说,猎户星座是天堂的所在,因此吉萨三座大金字塔是依据猎户星座的顺序进行排列的。三座金字塔并排屹立,巍然壮观。

(一)胡夫金字塔

胡夫金字塔,又名大金字塔,坐落于尼罗河下游的吉萨高地,是现存规模最大的金字塔。胡夫金字塔修建于约公元前 2670 年,正值古埃及第四王朝第二位法老胡夫的统治时期,历时约 30 年。

胡夫金字塔的四个斜面正对着东西南北四个方向,倾角为 51°52′。基座为正方形,底边原长 230 米、原高 146.59 米。因外层石灰石剥落,现在底边边长为 227 米、高度为 136.5 米,占地面积为 5.29 万平方米,体积为 260 万立方米。胡夫金字塔大约由 230 万块石块堆砌而成,每块石块平均重量为 2.5 吨,最大石块的重量超过 15 吨。

胡夫金字塔不仅规模宏伟,同时具有高超的建筑技术水平。巨型石块的表面被打磨得十分平整。石块的堆砌也并非通过任何黏着物,而是依靠平整的表面将石块相互堆叠在一起。石块之间咬合严密,即使是一把锋利的刀刃也难以插入石块的缝隙。此外,胡夫金字塔塔身北侧 13 米高处出入口的设计也十分巧妙。出入口由 4 块巨石构成三角形的形状,可以很好地将金字塔本身的巨大压力均匀分散开来,避免出入口发生坍塌。

胡夫金字塔的内部共有三间墓室。第一间墓室位于金字塔地下 600 英尺的位置,与地基同时修建。第二间墓室位于塔身内部 100 英尺高的地方,是埋葬王后的场所。第三间墓室的建造位置最高,修建时间最晚,是法老胡夫的安息之所。在修建第三间墓室的同时,通向墓室的廊道开始搭建。廊道全长 153 英尺,内壁由打磨光滑的石灰岩板紧密接合。

(二)哈夫拉金字塔

哈夫拉金字塔修建于古埃及第四王朝第四位法老哈夫拉的统治时期。哈夫拉金字塔底边原长 215.3 米,原高 143.5 米,为古埃及第二高的金字塔。如今,底边边长 210.5 米,现高 136.5 米,倾斜度为 52°20′。虽然,目前与胡夫金字塔等高,但

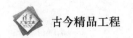

因其位于吉萨高原的最高处,哈夫拉金字塔看上去显得更为高大。哈夫拉金字塔的体积约为163万立方米,而塔里空间不足万分之一,是目前世界上空间最紧密的建筑。

哈夫拉金字塔的北侧共有上下两个出入口。上方的出入口通过甬道可直达墓室。连接下方出入口的甬道,呈先下降而后上升的变化趋势,而后与位于上方的甬道相连。墓室处于整个金字塔的中轴线上,于堆砌的石块中开凿而成。整个墓室高6.8米,东西长14.2米,南北宽5米。墓室中央摆放着由花岗岩打造的石棺。但是,由于金字塔塔身内部通风较差、湿度过大,墓室的岩壁已经出现裂缝。

著名的狮身人面像就位于哈夫拉金字塔的旁边,据传是哈夫拉的模拟像。狮身人面像高20米,脸长5米,身长57米。头部上方佩戴"奈姆斯"皇冠,额上刻着"库伯拉"圣蛇浮雕,下颌有帝王的标志——下垂的长须。

(三)门卡乌拉金字塔

门卡乌拉金字塔修建于古埃及第四王朝第五位法老门卡乌拉的统治时期。相比于胡夫金字塔和哈夫拉金字塔,门卡乌拉金字塔的规模要小很多。金字塔选用的建筑材料是花岗岩,底边边长108.5米,塔高66.5米。门卡乌拉金字塔的出入口位于石阶的尽头,通过梯型甬道可以顺利到达第一间墓室。

四、工程的材料选用

金字塔的建造需要使用大量的石料,这些石料主要有三个来源。金字塔外层使用的石灰石来自尼罗河的东岸;内部采用的石块来自吉萨附近沙漠中的岩石;甬道和墓室所用的花岗岩来自远在960千米之外的阿斯旺。

因不具备火药,石料的开采工作异常艰难。古埃及人首先使用铜制凿刀在岩石上打眼,而后将木楔插入,并灌满水。木楔因吸水而膨胀,最终将岩石胀裂。为了保证凿刀的锋利程度,其使用数十次后,就需要用火进行软化处理,打磨锋利后以备二次使用。

石料的运输问题主要依靠尼罗河解决。雨季时分,石料装载在巨大的平底驳船上面,顺着泛滥的尼罗河水漂流而下。为了将石块顺利搬运到金字塔的施工现场,工匠们可以在路面上铺就一种当地特殊的黏土,再在上面洒水,石块便可以在光滑的路面前行。或者工匠们可以先用碎石铺就一条道路,并铺上圆木。接着使用杠杆、滚柱、绳索等工具,将繁重的石块拖上施工工作面。为了确保工作的顺利完成,一些石块上还会标注班组和监工的名称。

石块的打磨工作由专业的切削工人完成。凭借熟练的技艺,仅用三角板和铅锤,就可以将石块打磨得光滑平整。

五、工程的建造过程

对于规模庞大的金字塔来说,确保其稳定性是建造金字塔首先需要解决的问题。每一处金字塔在建造之前,需要将选择好的地点进行清理。在平整化处理完成之后开始打造地基,再将相互拼接的大理石作为整个地基的表面。大型石块采用层层递减的排列方式,也是确保整个金字塔建筑稳固的重要举措。

在金字塔建造的过程中,为了将石块不断运往建筑高处,古埃及人们修建了大量的坡道。坡道表面较为光滑,主要以相互混合的沙土、灰泥和石膏铺设而成,可以大大方便巨型石块的搬运工作。此外,坡道的长高比例大约为 10∶1,该比例在确保搬运方便的同时可以使用最少的坡道建筑材料。当金字塔修建到较高位置时,采用坡道搬运石块的方法,因耗费大量的建筑材料,逐渐凸显不出其优势所在,因而采用了节省建筑材料的螺旋型坡道结构。

位于金字塔最上端的顶石固定工作难度较大。因顶部的侧面十分光滑,古埃及人首先在顶石底部做了若干个突起,然后旋转顶石,让突起与顶石下方石块拼接的缝隙相契合,完成最后的固定工作。有时为了缩短建筑工期,工人们会在外层石块的内部填充未处理的石料,以达到加快建筑速度的目的。

在修建金字塔内部墓室的过程中,一些墓室需要使用大量的花岗岩进行堆砌。古埃及人采用在岩石上用红赫石画线的方法,确保每块花岗岩可以整齐排列。此外,为了分散石块之间的压力,在每层铺设的花岗岩上方均铺有三角形的楔子。

建造金字塔的工人主要来自奴隶和农民,一些具有一定技能的熟练工人常年忙碌在建筑工地上。而一些不熟练的建筑工人每年需服役 3 个月,每批人数在 10 万人以上。在胡夫金字塔内部的岩壁上,至今还保留着记录当年工人们劳动场景的壁画。

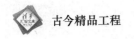

第二节 泰姬·玛哈尔陵

一、工程的基本介绍

享有"完美建筑"美誉之称的泰姬·玛哈尔陵,坐落于印度首都新德里北郊的亚穆纳河畔。

泰姬·玛哈尔陵是印度莫卧儿王朝的第五代君王沙贾汗纪念已故皇后泰姬·玛哈尔而修建的陵墓。陵墓是白色大理石建筑,辅以玛瑙装饰。主要由殿堂、钟楼、尖塔、水池等构成。泰姬·玛哈尔陵虽然是一座陵墓,但清雅出尘的外观给人一种圣洁的感觉。

泰姬·玛哈尔陵是印度莫卧儿王朝中规模最大的陵墓,同时具有极高的艺术价值,是印度文化交融的体现,也是伊斯兰教建筑中的代表作。1983 年,联合国教科文组织将泰姬·玛哈尔陵列入世界文化遗产名录。

二、工程的结构布局

泰姬·玛哈尔陵属于伊斯兰建筑风格,整个建筑端庄肃穆、庄严宏伟。陵园无论是从构思还是布局来说,都是一件不可多得的完美珍品。

陵园整体上呈长方形,长 583 米、宽 304 米,面积为 17 万平方米。陵园外围由红砂石墙围绕,四角各有一座高约 40 米的尖塔。园内建筑左右对称、布局工整。陵园共分为两个部分。位于前方的庭院多种植花草树木,清静幽雅;位于后方的庭院,占地面积较大,是整个陵园的主体部分,坐落着著名的泰姬陵陵墓。

泰姬陵的陵墓前方是相互交会的十字形水道和方形水池,左右两侧对称式地分别建有两座清真寺和答辩厅。陵墓主体由纯白色大理石建造,并镶嵌有光彩夺目的宝石。陵墓边长约 60 米,大理石基座高 7 米、长宽均为 95 米。陵墓四面均有高 33 米的大型拱门,并刻有经文。其中,镶刻《古兰经》的拱形陵墓正门与整个陵园的大门由一道红石铺就的宽阔甬道相连。陵墓的上端为高耸的穹顶，下部为八角形陵壁，四角高耸着 40 米高的圆塔。陵墓寝宫共分为 5 间，宫墙以珠宝构成的花卉图案装饰。在寝宫中央的八角形大厅内，摆放着国王沙贾汗和王后泰姬的两具石棺。棺椁上同样是由宝石镶嵌的茉莉图案，色彩瑰丽、工艺精湛。

由纯白色大理石建造的泰姬陵，使得一日当中不同时段照射在建筑物上的阳光发生改变，泰姬陵因而展现出不同的景象。日出时呈现出耀眼的金色，白天为纯净的白色，日落时则逐渐由淡黄、粉红转变为青色。据称，夜晚的泰姬陵呈现的是最美颜色，莹白色的外表中又隐约透出一抹紫色，恍若仙境一般。难怪镶刻的众多经文中，尤以"邀请心地纯洁者，进入天堂的花园"最负盛名。

三、工程的设计特点

（一）完善的总体布局

泰姬·玛哈尔陵的总体布局和谐统一，对称简约而又完美至善。前后两个庭院合理分配，前方的绿色植被很好地将居于中轴线末端的后方陵墓自然烘托，突出了陵墓作为整个构图的唯一中心位置。蔚蓝的天空下，站在草坪中央，远望整个陵墓，绿色与白色相互融合，视野极其开阔。伴随着清澈的池水和喷涌的水柱，水雾迷离，景象迷人。

（二）明朗的外观形象

厚重的台基和八角陵壁，配以四座高耸的圆塔，陵墓整体构图稳重而又舒展。建筑物的各个组成部分呈标准的几何图案，无过多的烦琐图案，比例和谐，造型凝练。此外，穹顶、墙面、圆塔、凹廊等不同的建筑尺寸相互配合，共同衬托整个建筑的宏伟。而曲线的设计又使得整个陵墓显得明朗活泼。

（三）统一的构图规律

整个陵墓的不同组成部分无不显示着统一的构图规律。陵墓的主体和饱满的穹顶在对立中相互统一；四周高耸的圆塔衬托高大的穹顶，同样映衬着整个宏伟的陵墓，相互作用之间凸显着统一的和谐之美。

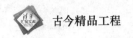

四、工程的建筑历史

泰姬·玛哈尔陵于 1631 年破土动工,历时 22 年,于 1653 年正式完工。泰姬陵选址于印度北部亚穆纳河下游的转弯处,位置空旷。整个泰姬陵的设计和建设过程,汇聚了当时整个印度地区最负盛名的建筑师、镶嵌师、雕刻师、书法师,同时来自中东伊斯兰地区的著名工匠也不远万里出谋献策。建造宏伟的泰姬陵,需要每天动用上万名工人,纯白大理石建筑材料更是需要人工从三百千米之外的采石场运来,而宝石则来自阿拉伯、巴格达、斯里兰卡以及中国。修建泰姬陵耗尽了莫卧儿王朝的财力,也加速了整个王朝的衰落。

在具体的设计以及建设过程中,建筑师和工匠们更是费劲心血。例如,陵墓两侧清真寺的设计,是为了保持泰姬陵整体建筑的对称布局。建造时,工人们在陵墓主体下方开凿 18 口井,用以将地基垒起,达到减轻地震对建筑的破坏。此外,陵墓寝宫四角的圆塔塔身均向外倾斜,也是保持地震中建筑的稳固程度。

泰姬·玛哈尔陵代表了莫卧儿王朝的最高建筑水平,展现了无与伦比的艺术魅力,其独特的建筑风格在印度北部得到一定的发展。1753 年修建的赛夫达贾陵墓,被称为是"莫卧儿建筑最后的闪光"。

五、工程的后期保护

泰姬·玛哈尔陵在建成之后,曾经多次饱受战争的摧残。1858 年,发生暴动的印度局面混乱不堪,英国士兵官员肆意地抢夺泰姬陵上镶嵌的宝石。之后,印度沦为英国的殖民地,更是遭受着巨大的文化侵袭。

印度独立后,泰姬陵虽然免遭外国入侵者的侵害,但是由于低水平开放和周围环境的恶化,泰姬陵依旧受到了不同程度的破坏。台阶出现磨损和裂痕,雕刻和宝石也不断破损、失窃。原本洁白的墙面也因周围工厂排放的有毒气体而不断出现斑渍。

从 1995 年开始,印度政府逐步确立了修复并保护泰姬·玛哈尔陵的计划。例如,在泰姬陵周边地区种植桑树,用于吸收有毒有害气体。在陵墓四周行驶的车辆需要使用低铅汽油,以避免过多汽车尾气的排放。

第三节　秦始皇陵及兵马俑坑

一、工程的基本介绍

秦始皇陵，又称骊山陵，位于中国陕西省西安市临潼区的骊山脚下。秦始皇陵是中国历史上第一位多民族的中央集权国家的皇帝——秦始皇嬴政的陵墓。

秦始皇陵修建于公元前246年，陵园的整体布局仿照秦朝都城咸阳，总面积为56.25平方千米。陵园上方的封土原本高约115米，现高76米。整个陵园由内外两城组成，外城周长6 210米、内城周长3 840米。规模宏大的地宫就位于内城之中，南面为墓葬区，北面为寝殿等建筑群。

秦始皇陵兵马俑坑位于秦始皇陵陵园东侧1 500米处。俑坑坐西朝东，三座俑坑呈品字形排列。

秦始皇陵是中国历史上第一个皇帝陵园，其规模之大，被称之为"世界第八大奇迹"。秦始皇兵马俑坑是世界上最大的地下军事博物馆。1987年，联合国教科文组织将秦始皇陵及兵马俑坑列入世界文化遗产名录。

二、工程的结构布局

（一）秦始皇陵

秦始皇陵坐西向东，南高北低，占地面积近8平方千米，拥有大型陵墓、大量陪葬物和地面建筑遗迹。

陵园上方为封土，东西长345米、南北宽350米，呈四方锥形。整个陵园建有内城和外城，代表着秦朝都城咸阳的皇城和宫城。以封土为基准，可以将陵园分为地下宫城、内城、外城和外城以外四个层次，并以地宫为核心。

1. 地宫与内城

内城中央东西走向的墙体将内城分为南北两个部分，地宫则位于内城的南半

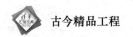

部。地宫的中心区域安放有秦始皇的棺椁,因而是整个陵园的核心部位。

地宫和内城之间集中分布着用于陪葬、祭祀的建筑。其中,内城南部更为密集,多为寝殿、车马仪仗和仓储;内城北部为附属建筑区。

2. 外城和外城以外

在内城垣和外城垣的中间是陵园的外城。外城西区的设施较为集中,如曲尺形大型马厩坑、珍禽异兽坑、园寺吏舍建筑以及古代活动游乐场所等。

在外城垣以外的区域多为建设维护陵园的机构所在地。外围的东部范围主要有陪葬坑、修陵人员墓地以及砖瓦窑遗址;北侧则为仓储坑。另外,整个陵园的南部修建有一条防洪堤,用以保护陵园免受洪水的侵袭。

(二)兵马俑坑

秦始皇陵兵马俑坑共有 3 座,坐西向东,呈"品"字形排列,拥有 8 000 多件陶俑、陶马以及 4 万多件青铜兵器。

陶俑的造型为高达 1.8 米至 1.97 米秦宿卫军,共同组成了步、弩、车、骑四个兵种。陶马体型如真马大小,其中 4 匹一组与木质战车相连。大量的青铜兵器为经铬化处理的铜锡合金材质,两千多年以后依旧锋利无比。

1. 一号坑

一号俑坑长 230 米、宽 62 米,呈东西走向。俑坑四周分别设有 5 个门道,东西两侧筑有长廊,南北两端为边廊。中间为摆放兵马俑的九条东西向过洞,并以夯土墙相互间隔。

一号坑共有 6 000 余件陶俑、24 匹陶马、6 乘战车以及用于实战的青铜兵器。最东面为前锋部队,呈三列排列,每列 70 人。其后为由手持兵器的铠甲俑以及驷马战车组成的主体部队,每个过洞设有四列陶俑。此外,在南北两侧和西端部位,各有一排陶俑,担任后卫队。

2. 二号坑

二号俑坑位于一号俑坑的东北部,东西长 96 米、南北宽 84 米,呈曲尺形构形。二号坑拥有 1 300 余件陶俑、356 匹陶马、89 乘战车。在三个俑坑中,二号坑的军阵布局最为壮观,由车兵、步兵、弩兵和骑兵组成。

二号坑的东部为弩兵军阵,分别由位于四周的 172 名立射弩兵和中央的 160 名跪射弩兵构成。南部为车兵方阵,战车呈八乘八列排布,每列战车配有 2～4 名车兵。北部的前方为两排战车,后方为八队骑兵。二号坑中央的前部为三列战车,后部为由车兵、步兵、骑兵组成的混合军阵。

3. 三号坑

三号佣坑位于一号佣坑的西侧 25 米处,面积为 520 平方米。三号坑拥有 68 件陶俑、4 匹陶马、1 乘战车。三号坑为整个秦军阵兵马俑的指挥中心,陶俑呈夹道式排列。

三、工程的设计特点

如果说古埃及金字塔是世界上最大的地上王陵,中国秦始皇陵则是世界上最大的地下皇陵,并且秦始皇陵的规模远远超过古埃及金字塔。

在秦代以前,对先王的祭奠均不在墓地进行。秦始皇陵的建造大开修建大型陵墓及陪葬坑的风气,并首次将祭祀用的寝殿修建在墓地。在陵园西北方向,建有 3 500 平方米的寝殿,至今仍遗留有方形地基。这不仅是中国古代丧葬文化的巨大发展,也对后代的陵寝制度产生深远影响,为后代帝王所纷纷效仿。

此外,与其他帝王陵园相比,秦始皇陵在设计上具有一些显著的特点。

(一)一冢独尊

秦代之前的君王陵墓中均并列排放着若干个墓葬,秦代以后的陵园布局也多以国君、王后等多重布局。唯有秦始皇陵中只有一座大型坟墓。这种陵园布局情况与秦朝君尊臣卑的传统思想有着密切联系。

(二)封冢位置

大多数君王的封冢位于整个陵墓的中心部位,而秦始皇陵的封冢则位于陵园的南部。这主要源自于"树草木以象山"的封冢设计思想。

(三)防盗系统

为了防止盗墓者的入侵,秦始皇陵修建了严密的防盗系统。相传,秦始皇陵的

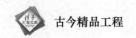

地宫四周筑有厚厚的沙层,并以此作为地宫的第一道防线,阻碍盗墓者的侵袭。在《史记》中,曾对防盗系统之一的暗弩、陷阱有过明确的记载。若盗墓者触碰防盗机关,则会被暗弩射中,或落入陷阱而无法逃脱。此外,地宫中大量水银蒸发的气体也会将盗墓者置于死地。

四、工程的建设过程

秦始皇嬴政从 13 岁即位开始,就下令着手陵园的修建事宜,由丞相李斯负责规划设计,大将章邯负责监工。秦始皇陵的修建耗用民工 72 万,修建过程伴随秦始皇的一生,直至秦始皇去世仍未全部完工。而后秦二世又主持修建了近两年时间,共历时 38 年。

秦始皇陵的建造过程大体上可以分为三个阶段。第一阶段从秦始皇即位开始一直到秦始皇二十六年结束。第一阶段为整个陵园的初期阶段,主要涉及整体设计和工程的初步建设。第二阶段工程在第一阶段工程完工后开始,一直持续到秦始皇三十五年。历时 9 年的第二阶段为陵园工程的主体建设时期,基本完成了主体工程的建设。第三阶段从秦始皇三十五年开始一直到秦二世二年冬季结束。历时 3 年的第三阶段为整个陵园工程的最后建设阶段,主要包括后期的收尾工程与覆土任务。实际上,历时 38 年之久的秦始皇陵建设工作依旧没有最后竣工。但是,在中国陵园建造历史上,如此之久的建造历史堪称第一。

在整个秦始皇陵的修建过程中,需要大量的黄土和石料。黄土主要来自于陵园南部 2 000 米以外的三刘村与采石场之间;而石料则通常取自渭河北岸的仲山、峻峨山,再由人力搬运至施工所在地——临潼。

秦始皇陵的宫墙为多层细土夯实而成。宫墙高约 30 米,顶部高出地面数米,底部则深入封土 33 米。在修建宫墙时,工人会采用弓箭射墙的方法来检验墙体的坚硬程度。若弓箭插入墙身,则宫墙必须进行二次重建。为防止周边河流将陵园冲垮,还曾将水流方向由南北流向改为东西方向。为了保护地下墓室免于水侵,还修建了千米的阻排水渠。水渠的底部由具有防水性的清膏泥铸就,厚达 17 米;上部则由黄土夯成,宽约 84 米。

而秦始皇陵兵马俑多采用模塑结合的方法制作完成。制俑时,首先使用陶模作出初胎,然后覆盖细泥进行加工、刻画、加彩,最后完成烧制、拼接工作。秦始皇陵兵马俑的制作均以现实生活为基础,手法细腻。每个陶俑的形态、神情、装束都不尽相同,因而具有很高的艺术价值和研究价值。

五、工程的保护措施

目前,秦始皇陵的陵园尚未进行全面挖掘。因此,工程的保护工作主要是针对已经出土的兵马俑。而兵马俑的保护主要包括对俑坑以及兵马俑彩绘两个方面。

8件彩绘兵马俑绝大程度的彩色部分已经脱落,而残存的色彩痕迹极易发生起翘、剥落等问题。科研人员不断创新,应用高新科技最新成果,通过多年研究,终于克服抗皱缩、加固等多方面的技术难题,找到了达到世界领先水平的有效保护方法。一是 PEG200 和聚氨酯乳液联合处理法,二是单体材料渗透、电子束固化法。

第七章
水利类精品工程

第一节　伊泰普大坝

一、工程的基本介绍

伊泰普大坝是一座世界第二大规模的水电站，位于巴西与巴拉圭两国边界的界河——巴拉那河之上。

伊泰普大坝总长 7 744 米，高度为 196 米。整个工程使用的混凝土高达 1 180 万立方米。大坝总共安装了 18 台发电机组，每台发电机组为 70 万千瓦。其 1 260 万千瓦的总装机容量，可以达到年发电量 900 亿度的总体要求。因此，伊泰普大坝拥有世界第二大的装机容量，以及世界最大的发电量。

伊泰普大坝的建造主要由巴西与巴拉圭两国共同承担。项目工程于 1974 年 10 月 17 日破土动工，最终于 1991 年 5 月 6 日全面竣工，历时 17 载。

位于伊泰普大坝不远处的伊瓜苏瀑布是大自然的不朽之作，而与之遥相呼应的伊泰普大坝则被称为人类建造历史上的传奇。因此，伊泰普大坝享有"世纪工程"的美誉。同时，伊泰普大坝被美国土木工程协会列为世界七大工程奇迹之一。

二、工程的结构布局

伊泰普大坝所处的河道,其宽度为 400 米,主要为玄武岩基岩结构,坚固完整。建造于此的大坝属于混凝土双支墩空心重力坝,其所用的混凝土量约为 526 万立方米。

整个伊泰普大坝主要由主坝和发电机组两个部分组成。

(一)主坝结构

伊泰普大坝的主坝长 1 500 米。其 196 米的高度使其成为世界同类大坝中高度最高的大坝。

主坝的右端为混凝土大头坝。大头坝属于单支墩大头坝结构,呈弧形。坝长 986 米,最大坝高为 64.5 米。主坝的左端为起导流控制作用的溢洪道,属于重力坝结构。溢洪道长 483 米,最大坝高 162 米,泄洪能力可以达到每秒 4.6 万立方米,控制了 82 万平方千米的流域面积。除此之外,主坝的两侧还建造有堆石坝、土坝等结构。因此,整个伊泰普大坝的总长度可以达到 7 760 米。

主坝共有 14 个进水口,底槛高程为 175 米。主坝外侧安装有 18 根半径为 10.5 米的注水高压铜管。因此,大坝完成蓄水后所形成的伊泰普人工湖,其面积为 1 350 平方千米,深度为 250 米,总蓄水量为 290 亿立方米。此外,建在巴拉那河上游的 23 座水库,与伊泰普水库一起形成了 2 169 亿立方米的总库容量。因此,整个水库具有良好的调节性。

(二)发电机组

伊泰普大坝机房的整体面积相当于四个足球场的大小,一共设有 18 台发电机组,每台发电机组的装机容量为 70 万千瓦,整个机房的总装机容量达到了 1 260 万千瓦。其中,每台发电机组的引水管道的直径为 10.5 米,长 142 米。水轮机转轮的直径为 8.65 米,总体重量达 3 300 吨。

伊泰普大坝的发电量由巴西和巴拉圭两国共享。其中,巴西建有 765 千伏超高压交流输电线路;巴拉圭建有 230 千伏高压交流输电线路。此外,巴西还建有两条 600 千伏的直流输电线路,可以将巴拉圭使用不完的电量输送到巴西。

伊泰普大坝提供的电量满足了巴西 35% 和巴拉圭全国的用电需求。在中国

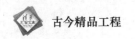

长江三峡水电枢纽工程竣工之前,伊泰普大坝是世界上规模最大的水力发电站,其单个机组的发电量可以为一座 200 万人口的城市提供源源不断的用电需求。

三、工程的建造过程

1973 年巴西和巴拉圭两国签订共同协议,决定一起开发巴拉那界河的水力资源,并约定大坝的左岸归属于巴西,右岸则归属于巴拉圭。

伊泰普大坝于 1975 年 10 月开始建造,于 1991 年 5 月全面竣工,历时 17 年。建造期间,1979 年 8 月,工程完成了主坝混凝土浇筑的工作;1984 年 5 月,大坝第一台发电机组正式投入运作。整个项目工程的土石方开挖量达到了 3 300 万立方米,混凝土浇筑量为 1 100 万立方米。

整个工程项目的建造主要涉及主坝、左岸的土坝和堆石坝、右岸的翼坝和溢流坝、导流明渠以及发电厂房等。在全长 7 744 米的大坝中,属于双支墩大头坝结构的主坝,长 1 064 米,最大坝高 196 米,是目前世界最高的大头坝。而溢流坝则属于混凝土重力式结构,共安装了 14 扇 20 米高的正方形弧形闸门,其最大下泄流量可以达到每秒 62 000 立方米。

工程项目的核心组成部分,即发电厂房位于主坝的下游,主要由两座装配场所组成。此外,为了满足后期扩建的需要,在堆石坝与导流明渠之间设有预留机坑的位置。1997 年,巴西和巴拉圭两国政府决定在原址基础上扩建两台机组。2001年,伊泰普电站拥有 20 台 70 万千瓦的发电机组,总装机容量扩增到 1 400 万千瓦,平均每年发电量增加 900 亿千瓦时。

四、工程的环境影响

伊泰普大坝建成后,形成了 1 350 平方千米的水库。水库的水位为 220 米,蓄水能力达到 290 亿立方米。其中,该水库 57% 的面积在巴西境内,43% 的面积在巴拉圭境内。

(一)环境保护的可行性研究

早在伊泰普大坝动工之前,为了尽量避免工程的施工以及运行对周围环境造成的影响,工程进行了一系列针对环境保护的可行性研究。同时,为了确定工程的不良影响,寻求有效的解决办法,工程进行了相应的调查,并建立了详细的资料库。其内容涉及社会和自然等多个方面,包括动植物、水生环境、气候和土壤等多项内容。

(二)环境保护的相关措施

1. 动植物保护区

根据所做的环境保护可行性研究,大坝工程随之开展了针对动植物的保护活动。

具体来说,在水库周围建立起均宽 285 米的绿化区域,其中包括占地约 63 376 公顷的永久保护带。

此外,为了保护动物的多样性,工程还设立了 6 个面积达 32 670 公顷的伊泰普特区。

2. 水环境保护研究

从 1972 年开始,大坝工程进行了针对水环境的一系列研究。

为了尽量减少大坝对周边水生环境的不良影响,大坝工程实行了产卵渠道工程。即通过回游训练,减少环境对鱼类的影响,从而有效达到促进大坝周边渔业发展的目的。

3. 局部气候保护分析

通过收集大坝工程的相关数据,并分析工程建设前后的变化情况,可以明显发现,伊泰普大坝的建设,对周边的局部气候尚未产生明显的不良影响。

4. 社会环境工作

大坝工程所处的位置同样也是重要的考古勘测点,共涉及遗址遗迹超过 17 万处。为此,大坝工程展开了一系列相应的文物保护工作。

为了满足社会、经济和文化等多方面的需求,大坝工程相继建设了一批大中型的公共项目。这些项目主要用于满足渔业、航运等经济产业需求,以及供水、娱乐、旅游等群众生活需求。

此外,大坝工程也提出了卫生与健康计划,主要包括抵御病虫感染和控制疾病

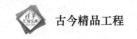

流行。通过及时开展水库水质监测,有效避免了水域的污染。同时,通过设立公共供水设施,有效方便了群众的生产生活。

第二节 都 江 堰

一、工程的基本介绍

闻名遐迩的中国古代水利工程——都江堰,坐落于四川省都江堰市的西部,位于成都平原的岷江上。

都江堰水利工程修建于公元前 256 年,由秦国蜀郡太守李冰主持修建。整个都江堰历史悠久、规模宏大、合理科学,集防洪、灌溉、航运为一体,并以无坝引水的特征而举世闻名。同时,都江堰也是年代久远、沿用至今的大型水利工程,被世人称赞为"世界水利文化的鼻祖"。

因其特有的历史价值和科学研究价值,2000 年联合国教科文组织将都江堰列入世界文化遗产名录。

二、工程的历史背景

如今享有"天府之国"美誉的成都平原,在历史上饱受水灾的侵袭。

来自岷山山脉的岷江,在流经成都平原时变成了"悬河",其水平面远远高于地平面。且平坦的成都平原使岷江水势变缓,夹带的泥沙岩石经常淤塞河道。每年的雨季,雨量较为集中,成都平原因此经常遭受洪水侵袭。而且,整个成都平原的地势沿岷江方向倾斜,泛滥的洪水使得当地的百姓民不聊生。

除岷江水患外,都江堰的修建同样具有一定的历史原因。战国时期,饱受战争摧残的人民渴望过上统一的生活,而经过商鞅变法的秦国认为成都平原在统一中国过程中具有重要的战略意义。因此,修建都江堰,治理岷江水患,发展经济,成为秦国统一中国不得不面临的选择。

三、工程的设计理念

中国古代劳动人民在修建都江堰水利工程的过程中,秉持的原则是"乘势利导,因时制宜"。即利用西北高、东南低的地形,依据水势的变化,进行"无坝引水,自流灌溉"。建成之后,消除了曾经的灾害,成都平原成为了天府之国。

在整个工程进行的过程中,同样形成了传诵至今的"治水三字经","深淘滩,低作堰,六字旨,千秋鉴,挖河沙,堆堤岸,砌鱼嘴,安羊圈,立湃阙,凿漏罐,笼编密,石装健,分四六,平潦旱,水画符,铁椿见,岁勤修,预防患,遵旧制,勿擅变"。

四、工程的结构布局

都江堰水利工程的整体规划是将岷江江水分成两条,并将其中一条水流引入成都平原,以达到分洪减灾、引水灌田的目的。工程规划完善,具有很高的科学性和创新性。

工程主要包括宝瓶口进水口、鱼嘴分水堤和飞沙堰溢洪道。三者相互配合、相互制约,共同协调发挥"引水灌田,分洪减灾"的作用,达到了"分四六,平潦旱"的功效。

五、工程的修建过程

(一)修建方法

早在修建都江堰的三百年之前,蜀国曾在位于岷江出山之处开凿了一条运河,让部分岷江之水流入沱江,达到分流治理水患的目的。公元前256年,秦国蜀郡太守李冰在前人的基础上,运用新的设计理念,历时八年,克服困难险阻,最终修建了伟大的都江堰水利工程。

1. 宝瓶口的修建过程

宝瓶口的修建是整个都江堰工程的第一步,对治理水患起到举足轻重的作用。在修建宝瓶口之前,首先通过对当地地情、水情的实地考察,最终确定了凿山

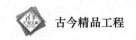

引水的方案。打通玉垒山,可以使岷江水流向东面,从而减少西侧的岷江水流量。在保证西侧江水免于泛滥的同时,有力缓解了江水东岸的旱情。

当时还未发明火药,而需要开凿的山口要求长 80 米、高 40 米、宽 20 米。为了达到开凿的要求,李冰以火烧石,利用岩石爆裂,完成了最终的开凿工作。

2. 鱼嘴的修建过程

宝瓶口东部的地势较高,为了保证岷江顺利流入宝瓶口,充分发挥宝瓶口分洪、灌溉的作用,需要在岷江江内修建鱼嘴分水堤。

鱼嘴分水堤运用的是中流作堰的方法,即在岷江冲出山口呈弯道环流的江心,用石块砌成石堤。作为一项分水建筑工程,鱼嘴分水堤将岷江水流一分为二。位于东边的水流称为内江,经宝瓶口后进入成都平原,流入人工修筑的星罗棋布的灌溉系统,起到灌溉农田的作用;位于西侧的水流称为外江,属于岷江的正流。

此外,内江窄而深、外江宽而浅,因而使得旱期中绝大多数河水流入内江,保证整个成都平原的用水需求。而在汛期时,大部分江水则会从江面较宽的外江排走。这种不借助外力、巧妙利用地形、借助外力自动分配水流的方法,即为著名的“四六分水”。

3. 飞沙堰的修建过程

为了进一步控制流入宝瓶口的水量,保证水量的稳定,在鱼嘴分水堤的尾部修建了飞沙堰溢洪道。

整个飞沙堰的修建采用的是竹笼装卵石的办法,还同时修建了起分流作用的平水槽和溢洪道。当岷江水流量增大时,过大的水流经由平水槽漫过飞沙堰流入外江。同时,溢洪道前端的弯道形成的离心作用,使得泥沙被抛出飞沙堰流入外江,避免淤塞内江河道。

在修建过程中,为了达到控制水量的目的,中国古代劳动人民在内江进水口立石人于江中,作为原始的水尺。水流枯竭时,水位可以到达石人足部;水势浩大时,水位可以到达石人肩部。通过长期观察相对于石人高度的水位,掌握岷江水位的周期变化,最后通过鱼嘴、宝瓶口的分水工程完成水位的最终调节。为了使河床有足够的深度保证汛期岷江水量的顺利通过,古代劳动人民又将石犀充分埋于江中,其埋放的深度可以作为后期河道修整中河床高度的标准,后来演变为卧铁。

（二）修建制度

都江堰完工之后，为避免河道淤积，保持竹笼结构的稳定性，保证水利设施继续发挥作用，需要定期对都江堰进行整修。

宋朝时期，正式制定了在每年冬春枯水断流的岁修制度。河道清理的深度以埋设江底的石马为准，堰体修整的高度以对岸岩壁上的水位为准。

这种延续至今的管理制度使得都江堰历经两千多年依然发挥着重要作用。

第三节　引滦入津工程

一、工程的基本介绍

引滦入津工程是一项大型供水工程，即将河北省滦河河水进行跨区域远距离地人工引入天津市，以达到解决天津用水紧张的目的。

引滦入津工程于 1982 年 5 月 11 日破土动工，并在 1983 年 9 月 11 日全面竣工。为了将位于河北省境内迁西、遵化的潘家口和大黑汀两大水库之水顺利引入天津市，需治理河道 100 多千米，开挖专用水渠 64 千米。整个工程规模浩大，意义非凡。

通过建设引滦入津大型供水工程，有效缓解了天津市供水困难的局面。与此同时，天津市的水质得到明显改善，地面下沉状况也因较低的地下水开采程度而趋于稳定，为天津市的各项发展奠定了坚实基础。2009 年，引滦入津工程获得"新中国成立 60 周年百项经典暨精品工程"的荣誉称号。

二、工程的建设背景

20 世纪 70 年代末期，中国北方重要城市天津市因经济发展迅速、人口急剧扩增，遭受了极其严重的用水困难。作为天津市水源地的海河，因上游修建水库、灌溉农田等大量用水的客观原因，更加加剧了位于下游的天津市用水紧张的局面。

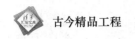

在面临城市用水紧缩的状况下,居民用水大幅度减少,工业用水大幅度缩减。为此,当地百姓不得不忍受苦涩咸水的煎熬,一大批工业用水企业被迫停产。

严重的水荒给天津市的生产生活造成了极大的不便影响,严重制约了当地的经济发展和生活需要。1981年8月,党中央和国务院正式决定兴建引滦入津工程,用于解决困扰天津市多年的用水问题。

三、工程的结构布局

引滦入津工程的水源地位于河北省境内滦河中下游的潘家口水库,并以滦河大黑汀水库作为整个工程的起点。而后经由输水干渠,通过遵化境内的黎河,最终进入天津市于桥水库完成调蓄工作。

来自河北省的滦河河水进入天津市于桥水库后,一路是经由州河、蓟运河,沿明渠输送,最终汇入北运河、海河;另一路则由暗渠,经过输水管道进入水厂。两路输送体系保证了天津市的用水需求。

工程全长234千米,输水量可达10亿立方米,最大输水能力为60~100立方米/秒。

四、工程的建设过程

(一)技术参数

引滦入津工程于1982年5月11日正式破土动工。工程主要由取水、输水、蓄水、净水、配水等多个环节所构成,涉及河道整治、引水枢纽、进水闸枢纽、水库泵站、引水隧洞、大型倒虹吸、明渠暗渠、水厂以及农田水利配套等多种作业内容。

其中,引水枢纽工程主要包括人津、人还两个水闸,引水流量分别为60立方米/秒和80立方米/秒;引水隧洞工程总长12.39千米,为无压输水,设计流量为60立方米/秒。同时,整治河道工程总长108千米,输水明渠总长64千米,共计修建倒虹吸12座、水闸7座、涵洞5座、泵站4座、变电站3座。此外,为保证水库后期的正常运作,对作为引滦入津工程的控制性调蓄枢纽的于桥水库进行加高加固处理,对其坝基进行混凝土防渗墙及灌浆加固处理。

（二）重点难点

在修建引滦入津工程的过程中，由于当时技术条件的局限性，工程人员面临着诸多建设难题。如仅在滦河和蓟运河的分水岭一处，就需要开凿一条长达 12 千米的隧道。其工程量在当时是十分巨大的。

在整个建设过程中，最大的困难当数在燕山山脉修建引水隧洞，该项工程也被称为整个引滦入津工程的"卡脖子"工程。燕山为中国最古老的地质山脉，拥有断层 200 余条，其中特大断层长达 212 米。所要修建的引水隧洞总长 12 394 米，属于中国最长的一条水利隧洞。隧洞宽 5.7 米，高 6.25 米，主要为圆拱直墙型。工程主要由铁道兵第八师和天津驻军 198 师负责建设，官兵们采用新奥法并结合实际的新型设计与施工工艺，保持着日掘进 6.8 米的最高纪录，仅仅历时 16 个月就完成了工程的建设。

整个引滦入津工程的工程量大，工期紧，任务重。为了保证工程的顺利完工，天津市市民自发组织起来，积极投入工程的建设中。据不完全统计，参加义务劳动的天津市市民多达二十余万人。

五、工程的历史意义

1983 年 9 月 5 日上午 8 时整，引滦入津工程位于河北省境内的工程起点——潘家口水库、大黑汀水库正式开闸放水，滦河之水通过 234 千米的渠道源源不断地向天津市输送活水。1983 年 9 月 11 日，千里之外的滦河之水正式进入天津市境内，当地百姓不再饱受咸水的煎熬，工业企业也重新进入生产运营阶段。因此，这一天成为引滦通水的纪念日。

截止到目前，引滦入津工程已经安全运行了三十年，累计向天津供水 200 多亿立方米。如今，天津市的饮用水水质达到国家二级标准。引滦入津工程将位于河北省境内的滦水引入天津市，给天津市的工业发展注入了新的活力，给人民生活带来了便捷，成为整个天津市生存发展的"生命线"。

此外，为保证引滦入津工程的顺利进行，天津市政府注重减轻水体污染，提高输水保证率，确保城市供水用水安全。与此同时，天津市注重工程沿线的绿化建设，将引滦入津工程建设成为城市中一道亮丽的风景线。

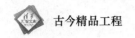

第四节　长江三峡水利枢纽工程

一、工程的基本介绍

长江三峡水利枢纽工程,又被称为三峡工程、三峡大坝、三峡水电站。地理位置位于中国重庆市市区到湖北省宜昌市之间的长江干流上,即长江三峡西陵峡中段的三斗坪。

1992 年,三峡工程的建设获得国家批准。1994 年 12 月 14 日正式开始修建,2006 年 5 月 20 日全线建成,并于 2009 年全面完工。三峡工程中,大坝高程 185米,蓄水高程 175 米,全线长 2 309 米,水库长 600 多千米。其中,32 台单机容量为 70 万千瓦的水电机组共同组成的 2 250 万千瓦的总装机容量,堪称世界第一,发挥着防洪、蓄水、发电、航运等多种功能。

长江三峡水利枢纽工程是中国历史上规模最大的工程项目。同时,也是世界规模最大的混凝土重力坝,以及综合效益最大的水利枢纽工程。

二、工程的结构布局

(一)地理位置

三峡工程位于三斗坪。三斗坪地面开阔,属于花岗岩地质,有利于大型工程项目的建设。且距离长江下游的葛洲坝水电站仅 38 千米,二者相互配合,共同构成大型梯级电站。

三斗坪旁边的沙洲——中堡岛,将长江一分为二。右侧的河水宽约 300 米,能够为三峡工程的建设工程带来便利。

(二)总体概况

三峡工程的主体结构为三峡大坝,属于混凝土重力坝。整个大坝长 2 335 米,高 185 米,底部宽 115 米,顶部宽 40 米。正常蓄水水位为 175 米,最大下泄流量可达每秒钟 10 万立方米。

大型机组位于三峡大坝的后方。32 台 70 万千瓦水轮发电机组中,有 14 台位于左端,12 台位于右端,6 台位于地下。加上 2 台 5 万千瓦的电源机组,三峡大坝的总装机容量可达 2 250 万千瓦,远远超过位居世界第二的伊泰普水电站。

三峡水库属于季调节型。水库全长 600 余千米,宽约 1 千米,面积为 1 084 平方千米。三峡水库的总库容为 393 亿立方米,其中用于防洪的库容高达 221.5 亿立方米。水库除防洪能力外,还具有航运能力。三峡水库的航运能力为 5 000 万吨,航运能力的提高也大大降低了运输成本。

(三)基本组成

三峡大坝工程主要由船闸工程以及导流工程组成。

1. 船闸工程

三峡大坝工程的船闸于 1999 年年底完成基础开挖工程,2002 年 6 月完成安装工作,2003 年 7 月正式通航。

整个船闸工程的规模之大堪称世界之最。船闸属于双线五级船闸,是世界上级数最多的船闸。整个船闸为与岩体共同工作的薄衬砌结构,其 70 米的最大结构高度为世界之最。三峡大坝船闸全线长 6.4 千米,上下落差为 113 米,总水头为 113 米。船闸共分为 5 个闸室,每个闸室长 280 米、宽 34 米,依靠输水系统完成水位的升降。分隔闸室的闸门共有 24 扇,高 30 多米,号称"天下第一门"。升船机为单线一级垂直升船机,重达万吨,规模世界最大。

在设计上,船闸采用双线制,上行下行、互不干扰。目前,船闸可承载万吨级船队,单向航运能力为 5 000 万吨,节省了航行时间,节约了航运成本,大大改善了航行条件。

2. 导流工程

三峡工程在建设期间,长江通航并未受到影响。在工程建设的一期阶段,主要利用长江主河道维持通航;在工程的二期阶段,主要由导流明渠和临时船闸承担三峡二期工程建设期间的通航重任。

导流明渠于 1997 年 10 月 1 日正式通航,使用期限为 6 年。导流明渠全长 3 410 米、宽 350 米,宽度为整个江面的 1/3,通航流量为 2 万立方米/秒。流量过大

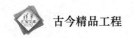

时,采用临时船闸维持长江通航能力。

三、工程的功能作用

长江三峡水利枢纽工程主要具有防洪、发电、航运三大作用,其中防洪作用是三峡工程的核心功能。此外,三峡工程还具有供水、灌溉、养殖、旅游、保护生态、净化环境等多种功能作用。

(一)防洪

古往今来,长江流域就是发生洪涝灾害的频繁之地。作为三峡工程建设的主要目的,三峡工程的防洪库容为221.5亿立方米,可削减洪峰流量27 000~33 000立方米/秒,堪称世界第一。

因此,三峡工程的建设可以抵挡洪水的侵袭,有利于下游河流湖泊的治理维护,有效缓解夏季干旱的局面。

(二)发电

2010年7月,三峡工程完成了试验运行的总目标。目前,三峡工程的年发电量位居世界第一。截至2012年,三峡工程发电量约为981亿度,是大亚湾核电站的5倍、葛洲坝水电站的10倍,约占全国年发电总量的3%、全国水力发电的14%。而且,水力发电作为一种清洁能源,使得三峡工程在有效利用水资源的同时,大大减少了二氧化碳的排放。

此外,发电功能也是三峡工程经济效益的主要体现。作为中国西电东送工程的大型电源点,密切连接着华中电网、华东电网以及广东省的南方电网。

(三)航运

长江三峡水域,水流湍急,船只上下通行难度很大。因此,水运多以单向为主,船舶吨位在三千吨级以下。

三峡工程的建设,使得水势平缓,可以承载万吨级船队,单向航运能力能够达到5 000万吨,节省了航行时间,节约了航运成本,大大改善了枯水季节的航行条件。

四、工程的建设情况

(一)前期准备

早在 1918 年,孙中山先生就已经看到了建设三峡工程的优势所在,并在《建国方略》中提出了初步设想。1953 年,毛泽东视察三峡,将三峡工程的建设提上了议程,并于 1955 年开始为期两年的对长江三峡的全面科研勘测工作。1970 年,长江葛洲坝工程的建设正是为全面开展三峡工程做准备。1992 年 4 月 3 日,第七届全国人民代表大会第五次会议通过《关于兴建三峡工程的决议》,以立法的形式确立三峡工程的重要地位。

从最早提出设想,到通过"人大"审议,三峡工程的准备阶段一共走过了 73 年的岁月。

(二)建设过程

长江三峡水利枢纽工程的总体建设方案是"一级开发,一次建成,分期蓄水,连续移民"。按照工程的总体规划,整个建设过程分为三个阶段,共 17 年。整个工程的土石方挖填量约为 1.34 亿立方米,混凝土浇筑量约为 2 800 万立方米,耗用钢材共计 59.3 万吨。在建设过程中创造了水电工程建设的多项世界纪录。

1. 一期工程

三峡工程的一期工程于 1993 年初开始,于 1997 年 11 月结束。

在一期工程的建设中,主要是利用江中的中堡岛,在左侧修建临时船闸。并在右侧围护河流,深挖基坑、筑石围堰,修建导流明渠。在该阶段的建设过程中,依旧保持长江的通航能力。

1997 年,完成导流明渠的建设。同年 11 月 8 日,大江截流标志着一期工程的顺利完成。

2. 二期工程

三峡工程的二期工程于 1998 年开始,于 2003 年 11 月结束。

三峡工程二期的建设任务主要是完成泄洪坝段、左岸大坝、左岸电厂和永久船

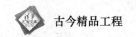

闸的修建工作。2002年中,三峡大坝开始正式挡水。2002年11月6日,导流明渠的截流使得江水依靠泄洪坝下泄,标志着三峡的全线截流。2003年6月1日,永久船闸开始通航。同年11月,4台机组的发电正式标志着二期工程的完成。

3. 三期工程

在导流明渠完成截流之后,三峡工程的最后一期工程正式开始。三期工程的主要任务是建设右岸大坝、右岸电站、地下电站、电源电站,安装左岸电站,并改建临时船闸为泄沙通道。

(三)具体方法

1. 修建船闸

三峡工程的双线五级船闸因其规模浩大,面临着巨大的修建难度,需要在输水系统布置、廊道的高程和体形、阀门的形式等多个方面采取特殊的方法。

为了合理利用当地地质地形条件,采用了薄衬砌的闸门结构设计。通过船闸高边坡方案,有效解决了高边坡的稳定问题。同时,采用自润滑技术,克服了巨型闸门底枢润滑的要求。

2. 分期蓄水

伴随着三峡工程建设的推进,三峡大坝循序渐进地完成了分期蓄水的任务目标。

在一期工程建设过程中,完成大江截流工作后开始第一阶段的蓄水任务,水位从原来的66米上升到88米。三峡工程二期工程结束之后,继续进行蓄水工作,水位提高到135米。2006年,水位提高到156米。2009年,三峡工程全面完工后,水位提高到最终的175米。

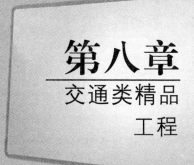

第八章 交通类精品工程

第一节　巴拿马运河

一、工程的基本介绍

　　巴拿马运河是世界上一条极其重要的航运通道,将大西洋和太平洋紧密地联系在一起。地理位置位于中美洲的巴拿马,横穿巴拿马地峡。

　　巴拿马运河是一条水闸式运河。以两岸的海岸线为标准,运河的长度约为 65 千米;而由加勒比海的深水处至太平洋的深水处为标准,运河的长度约为 82 千米。巴拿马运河的最大宽度为 304 米,最窄为 152 米。运河的深度为 14 米,且运河的最高水位比两端的海平面高 26 米。巴拿马运河共有 6 个船闸,拥有 76 000 吨级的航运吨位,船舶通行时间约为 9 小时。

　　巴拿马运河的建造大大缩短了航海里程,因而享有"世界桥梁"的美誉。巴拿马运河与苏伊士运河一同被认为是世界上最具战略意义的两条人工水道。巴拿马运河被美国土木工程师学会列为世界七大工程奇迹之一。

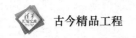

二、工程的结构布局

（一）运河

巴拿马运河所在的地势高低起伏，北美大陆分水岭在该处降至最低。因此，运河无法直接穿越巴拿马地峡。具体来说，在大西洋一端，巴拿马运河首先由科隆入口经加通水闸向南进入加通湖；然后运河经由东南走向的盖拉德人工渠向东进入太平洋的巴拿马湾。

其中，科隆入口至加通水闸一段主要位于利蒙湾，由一段 11 千米的进口航道连接。加通水闸主要由 3 座连续的水闸组成，可以自由地将船舶升高 26 米。盖拉德人工渠位于北美大陆分水岭，连接甘博阿与佩德罗米格尔水闸，长约 13 千米，均深 13 米。佩德罗米格尔水闸和位于米拉弗洛雷斯湖的水道可以将之前升高的船只降低至海平面。巴拿马运河最后一段航道长 11 千米，连接太平洋，由人工挖掘而成。

巴拿马运河的建造大大缩短了航海里程。由美国东海岸至西海岸，可缩短约 15 000 千米的航程。由北美洲海岸至南美洲港口，可缩短约 6 500 千米的航程。由欧洲至东亚或澳大利亚，可缩短约 3 700 千米的航程。除巴拿马运河外，其他附属的交通设施主要包括巴拿马运河铁路以及博伊德—罗斯福公路。

（二）水闸

巴拿马运河中有多处水闸，水闸成对出现，可以满足船舶双向通过的需求。每个水闸具有相同的尺寸，且拥有两扇固定于铰链的闸门。水闸闸门的均高为 20 米、宽 20 米、厚 2 米，并由控制塔进行开合、充放水的操控。此外，水闸的运作还依靠加通湖、阿拉胡埃拉湖和米拉弗洛雷斯湖的重力水流。

水闸拥有极其精密的机械装置，因此仅允许小型船舶凭借自身动力通过水闸。大型船舶的航行必须依靠电动机车的牵引，电动机车位于闸壁顶部的齿轨上方。

（三）防波堤

防波堤主要位于巴拿马运河靠近大西洋和太平洋的入口航道附近。

在利蒙湾的东西两侧均建造有防波堤。其中，位于西端的防波堤，其主要作用是使得港口免受大风困扰；位于东端的防波堤，其主要作用则是避免运河航道出现淤积。

在巴拿马运河靠近太平洋一侧,防波堤主要建造在瑙斯、佩里科和弗拉明哥。三座小岛上的防波堤的主要作用是改变横流方向。

三、工程的建造过程

建造巴拿马运河的提议最早开始于 1524 年,由神圣罗马帝国皇帝查理五世提出,以达到减少航海路径的目的。因往来于纽约与加利福尼亚的船舶需要绕行至南美洲最南端,美国于 1820 年开始提出在中美洲建造一条人工运河的计划,以达到连接太平洋和大西洋的目的。当时巴拿马修建了横跨巴拿马地峡的铁路,巴拿马也因此成为包括在墨西哥、尼加拉瓜境内建造运河的方案中的最佳选择。

(一)法国人的建造过程

起初,建造巴拿马运河首先由法国人——斐迪南·德·雷赛布负责,并组建了巴拿马洋际运河环球公司。巴拿马运河于 1880 年 1 月 1 日开始建造,共涉及 8 套开凿方案。

由于之前对建造工作缺乏充分的准备,负责人斐迪南低估了工程项目的难度,忽略了当地气候及地形条件对工程项目的不利影响。巴拿马运河开凿的土石数量高达 25 900 万立方米;闷热潮湿的热带丛林气候所带来的暴雨洪水、复杂的地形以及肆虐的热带传染病不利于工程的顺利开展。严重滞后的工程进度,使得巴拿马洋际运河环球公司不得不于 1889 年 2 月宣布破产。

(二)美国人的建造过程

巴拿马运河的建造对美国的经济以及军事都具有极其重要的现实意义,因此,美国成立了地峡运河委员会,并由海军上将约翰·C.怀特担任工程项目的主要负责人,由约翰·芬德来·瓦拉斯和约翰·斯蒂文先后担任工程项目的总工程师。

运河的建造计划主要是建设一个与海平面相一致的运河,并通过建造水闸构造梯级运河的方案来解决运河所处地势高低起伏的难题。建造水闸所需的大坝除了可以达到拦截海水的目的之外,还可以起到发电,并为航运提供动力的作用。此外,为了确保整个工程项目的顺利进行,还建设了相应的后勤保障设施,包括工人住房,改造可以满足运输大量建造土方的地峡铁路等。

1913 年 10 月 10 日,巴拿马运河全面竣工。整个巴拿马运河共动用了 4 万名

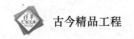

工人,使用了 450 万方混凝土。

四、工程的管理维护

(一)工程管理

从 1914 年正式通航到 1979 年,由美国建造的巴拿马运河一直由美国直接进行管理与维护。1979 年,巴拿马运河委员会开始负责巴拿马运河的管理。1999 年12 月 31 日,巴拿马共和国获得了巴拿马运河的全部控制权。

值得一提的是,历史上帝国主义国家曾多次希望通过占领或掠夺拉美国家的领土、能源、交通等一系列资源,达到控制拉美国家的目的。因此,巴拿马共和国就曾多次受到帝国主义国家的侵占,巴拿马运河的建设以及后期的运营管理过程本身就是一段不平凡的历史,是抗击国外敌对势力的最好见证。

(二)工程维护

巴拿马运河处于热带雨林气候,需要后期对运河以及相关设备进行不间断连续的日常维护与必要的修理,以确保运河的航运畅通。巴拿马运河的工程维护主要涉及疏浚航道、水闸检修以及机器的修理更换。

在工程维护的过程中,面临着两大主要问题。其一,因土质疏松和大量降雨造成的盖拉德人工渠两岸山丘的坍塌问题。因此,需要对雨水进行引流,定期对两岸河道进行加固,并经常采取相应的防护补救措施,以达到确保航运河道通畅的目的。其二,集水区的河流以及运河本身的逐渐加快的淤积沉淀速度。造成这一问题的主要原因是当地农民采取原始的刀耕火种农业耕作方法。目前,美国和巴拿马两国政府均积极采取各种措施,控制水土流失。

第二节 金 门 大 桥

一、工程的基本介绍

金门大桥是一座世界著名的桥梁,位于美国加利福尼亚州,横跨在 1 900 多米长的金门海峡之上。大桥将位于南侧的旧金山半岛和位于北侧的加利福尼亚紧密地相连。

金门大桥属于单孔长跨距大吊桥结构,是一种世界建桥历史中罕见的建筑结构。大桥长 2 737 米,高 342 米,宽 27 米。金门大桥由著名设计师施特劳斯负责设计工作,于 1933 年正式动工,于 1937 年 5 月全面竣工,历时 4 年时间,耗费 10 万多吨钢材。金门大桥朱红色的桥身与周围的碧海蓝天遥相呼应,宏伟壮观的造型,更显器宇轩昂。

金门大桥是美国旧金山的象征和标志性建筑,被世人认为是近代桥梁工程历史上的一项建筑奇迹。金门大桥被美国土木工程师学会列为世界七大工程奇迹之一。

二、工程的结构布局

(一)基本结构

金门大桥采用的是世界大桥中罕见的单孔长跨距大吊桥结构。包括两端钢塔延伸的部分,大桥全长 2 737 米。大桥的宽度为 27.4 米,拥有 6 条机动车车道和 2 条人行道。海面距离大桥的高度为 60 米。如此高度使得大型船舶在海水涨潮时也可以顺利通行。

金门大桥的南北两端分别建造了辅助钢塔,使得大桥外形更加和谐壮观。钢塔的总高度为 342 米,水面以上的高度为 227 米;两端钢塔之间的大桥跨度为 1 280 米。

钢塔的顶部是两根重达 2.45 万吨的大型钢缆,直径为 92.7 厘米,长为 2 213 米。每根钢缆包含 27 572 股钢线。大型钢缆延伸到岸上固定,钢缆产生的巨大拉力将金门大桥牢牢地悬挂于半空之中。

(二)美学特点

金门大桥的桥身颜色采用的是国际橘,该色调不仅和周边环境相得益彰,而且可以使大桥在金门海峡频频出现的大雾中更加醒目。

金门大桥具有无与伦比的外观和结构,因此国际桥梁工程界认为金门大桥是美的光辉典范,也是美的化身。作为一座在世界大桥中最上镜的大桥,美国建筑工

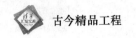

程师协会评定金门大桥为现代的世界奇迹。

三、工程的建造维护

在金门海峡建造一座跨海大桥的想法可以追溯到 1872 年。金门大桥于 1933 年 1 月 5 日开始动工,于 1937 年 4 月全面竣工。1937 年 5 月先后对行人和机动车开放。

著名桥梁工程师约瑟夫·施特劳斯是金门大桥构想的最初设计者。大桥的其他设计者主要包括艾尔文·莫罗、查尔斯·埃里斯和里昂·莫伊塞弗,三人分别负责艺术造型和颜色的设计、数学推算以及工程师桥梁设计。

为了确保施工安全,金门大桥建造过程中在大桥下方设有一个安全网,这也是大桥的独特设计之一。在大桥建造过程中,有 19 名工人因设置的安全网而免遭高空坠落的威胁。此外,金门大桥建造过程中的一项重要任务是给大桥桥身涂刷油漆。涂刷油漆工作主要是借助移动的鹰架完成,首先通过压力清洗,然后进行三层油漆的涂刷工作,最后由依附在钢索蜘蛛网上的工人进行油漆检查工作。

金门大桥竣工之后,还需要定期进行后期的维护工作,主要包括加固工作和油漆工作。1989 年大地震发生以后,研究人员对金门大桥的坚固度进行了评估,并制订了相应的加固计划,先后分三期工程进行。

第三节 英吉利海峡隧道

一、工程的基本介绍

位于欧洲英吉利海峡的英吉利海峡隧道是一条连接英国与法国的铁路隧道,又被称为英法海底隧道、欧洲隧道。

1986 年 2 月 12 日,英法两国签订了关于修建隧道的坎特布利条约,正式拉开了英吉利海峡隧道的建造序幕。整个海峡隧道共历时 8 年,最终于 1994 年 5 月 7

日正式竣工并通车运行。英吉利海峡隧道共由 3 条平行的隧道组成,每条隧道长 51 千米。其中,每条隧道位于海底的长度为 38 千米。

英吉利海峡隧道是世界上海底段最长的铁路隧道,其总长度位居世界第二,也是世界上规模最大的私人资本工程项目。海峡隧道的成功建设大大缩短了英伦三岛与法国之间的距离,促进了欧洲各国之间的相互交流与统一建设,更是将自拿破仑以来近 200 年的梦想变为现实。同时,英吉利海峡隧道被美国土木工程师学会认定为世界七大工程奇迹之一。

二、工程的结构布局

英吉利海峡隧道共由两个终点站和三条平行隧道所组成。两个终点站分别是位于西端的英国福克斯通,以及位于东部的法国加来。

英吉利海峡隧道的 3 条平行排列的隧道大致呈南北走向。其中,位于最外端的南北两条隧道,直径为 7.6 米,二者相距 30 米,是单线单向的铁路隧道。南北隧道是整个隧道工程的核心组成部分,即为运营隧道,主要用于列车的通行。而位于南北隧道中央的是中间隧道,直径为 4.8 米,主要是用于对南北隧道进行救援维修工作,是整个工程的辅助隧道。

中间的辅助隧道的三分点上,各自修建了一条连接南北运营隧道和中间辅助隧道的横向隧道。如果其中一段运营隧道出现设备故障,可以通过横向隧道进入另一段运营隧道继续通行,保证了整个英吉利海峡隧道的运营工作不受影响。此外,在中间辅助隧道上每隔 375 米,都修建了与南北两条运营隧道相连的横向小型通道——后勤服务洞,其直径为 3.3 米。后勤服务洞与隧道的连接处均安装有防火撤离门,以起到出现紧急事故时疏散人员,以及对整个隧道工程进行救援维护的作用。

作为一条连接英法两国的重要铁路隧道,通过英吉利海峡隧道的火车主要包括长途火车、专载公路货车的区间火车以及载运其他公路车辆的区间火车。一般来说,牵引客货列车的机车主要有两部,每部机车的最大输出功率可以达到 7 600 马力,使得平均最高时速达到 140 千米。据统计,英吉利海峡隧道每年可以运送旅客 1 800 万人次,输送货物 800 万吨。因而大大缩短了英法两国的距离,极大方便了两国之间的交流,很好地促进了欧洲各国的建设。

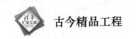

三、工程的历史背景

其实,人们很早就产生了希望在英法两国之间修建通道的想法,这一梦想甚至可以追溯到 19 世纪初的拿破仑时期。但是,长久以来阻隔英法两国的英吉利海峡一直被英国视为抵御欧洲国家进行军事进攻的天然屏障。因此,出于政治上以及军事上的考虑,修建连接英法两国的海峡隧道的想法一直被搁置。

直至 20 世纪 70 年代以来,随着国际局势的不断变化,尤其是欧洲一体化进程的不断发展,上述顾虑逐渐消退,修建海峡隧道的事宜被重新提上议程。在英法两国之间的英吉利海峡修建隧道,是建设欧洲高速铁路网的重要一环,可以有效地节约资源。同时,修建海峡隧道可以更好地促进两国之间的经济文化交流和社会繁荣。所以,修建英吉利海峡隧道具有极大的经济效益和社会影响。

不得不说,英吉利海峡隧道是欧洲一体化进程的产物,又极大推进了欧洲一体化的发展进程。二者相互联系、相互促进。

目前,在海峡隧道建立的区域,已经成立了包括英国、法国相关区域在内的隧道连接地区,而后又将比利时有关地区纳入,统称为欧洲专区。在欧洲专区内,各国之间利用英吉利海峡隧道的区位优势,经常进行区域性合作交流以及一系列的金融发展计划。

四、工程的建造过程

(一)前期准备

1. 地质勘探工作

在整个英吉利海峡隧道工程项目开始之前,就已经开始相关的地质勘探工作。

地质勘探工作从 1958 年开始,一直持续到 1987 年。在近三十年的工作中,关键地质钻孔数量达到了 94 个。其中,海平面以下 150 米的范围为浅层勘探,主要涉及海峡隧道布置的方位问题;海平面以下 800 米的范围则为深层勘探,主要是为了获取评价地震风险的相关有效数据。

对于海底地质勘探工作来说,使用的主要工具为大型北海石油钻机。通过进一步的海底钻探,发现位于海底 25 米至 40 米的泥灰质白垩岩是修建海峡隧道的理想岩层。这种岩层具有良好的抗渗性,且软硬适中、裂隙较少,便于日后的施工。考虑到修建海峡隧道需要一定的运行坡度,因而将隧道线路布置于岩层下方,并将隧道轴线在平面和立面上设计成 W 形。

2. 安全设计工作

英吉利海峡隧道工程项目在设计之初,就对后期施工和运营的安全问题进行了充分的考虑和严密的分析。

海峡隧道选择三条隧道平行排列的设计方案,摒弃当时主流的大跨度双线铁路共用隧洞模式,是为了达到减少施工风险、保障运营稳定的目的。与此同时,对于整个海峡隧道工程项目中的供电、供水、冷却、排水、防火、通风、运输、通信等系统的安全性能,都进行了翔实的分析研究。

在整个安全设计工作中,发挥重大作用的便是连接两条运营隧道和辅助隧道的后勤服务洞。后勤服务洞可以在发生事故时,充分发挥紧急撤离与救援维护的作用。在设计上,服务洞可以保证全部人员在 90 分钟以内安全地从隧道、列车中撤离到路面。并且,由于后勤服务洞的气压高于其他隧道,因此具有向其他隧道提供新鲜空气的作用。此外,在具体的施工建设中,为了获取更为翔实的地质资料,后勤服务洞的修建是首先进行的。

(二)施工技术

英吉利海峡隧道的工程量十分巨大,整个工程开挖的土方总计可达 750 多万立方米,与 3 座埃及金字塔的体积相当。在整个工程项目的施工建设过程中,坚持"可靠、先进"的方针,但也遇到了工程技术难题。通过运用较为成熟的经验技术不断开拓创新,克服了种种技术难关,确保了工程质量,减少了施工风险,保证了工程的顺利进行。

1. 主要工具

在英吉利海峡隧道施工的过程中,使用的主要工具便是隧道掘进机。

从海峡隧道的东西两端同时进行挖掘工作。即分别以西端英国海岸的沿海莎士比亚崖和东部法国海岸的桑洁滩作为掘进基地,沿着两个方向在三条隧道所在方位进行挖掘。整个开挖过程一共需要挖掘 12 个开挖面,其中 6 个开挖面的方向朝向陆地,其余 6 个开挖面朝向英吉利海峡。

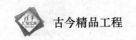

在所有的掘进机中,主要有开敞式和封闭式两种类型,以满足不同地层类型的需求。开敞式掘进机主要适用于透水性较小的地层,而封闭式掘进机则主要用于透水性较强的地层。在工程的挖掘过程中,最大的一台掘进机直径达到 8.78 米,长约 250 米,重 1 200 吨。因其具有掘进、灌浆以及其他施工工序,使得整个工作过程井然有序,大大提高了施工效率。为了保证 3 年半的掘进工作顺利完成,掘进机的平均掘进速度为每周 150 米,最高掘进速度达每周 428 米。

2. 主要技术

为了保证整个海峡隧道工程的施工安全和运营质量,需要在英吉利海峡隧道建设过程中对诸多问题进行全面的考虑。

例如,列车的长期运行会使得海峡隧道受到反复的载荷冲击。为了确保隧道的长期安全运营,在铁轨下端安装了弹性减振装置,并经过多种性能测试,确保该项装置的可靠性。这样既使得上述问题得到合理有效的解决,又保证了列车的平稳运行。

空气压差和空气动力阻抗是列车在高速行驶时产生的主要问题,会增加列车的驱动力,浪费资源。因此,通过多次模型研究,在隧道上安装一定数量、大小的卸压管,可以产生良好的空气动力效应,有效避免气流冲击的产生。

此外,通过对空气循环途径与风机布置方位的规划研究,巧妙合理地安装通风管道,可以很好地解决隧道的通风问题。自行研究开发的"司机台信号系统",是一种列车自动保护装置。当列车司机不能对司机台屏幕上的信号及时作出反应时,该系统会使行进中的列车减速至停驶,确保整个列车的安全运营。

五、工程的项目特点

(一)私人投资

英吉利海峡隧道是由私人出资兴建的,也是世界上规模最大的私人资本工程项目。

1985 年 3 月,英法两国政府提出招标邀请。经过全面考虑,在收到的四种投标方案中,最终选择了欧洲隧道公司。并于 1986 年 3 月政府与企业双方签订了正式协议。欧洲隧道公司是早期商业集团 CTG－FM 在 1985 年分出的其中一个公司。

当时的英国首相——撒切尔夫人,认为英吉利海峡隧道是私人部门兴建大型工程的重要标志,充分彰显了自由市场的成功所在。

(二)项目管理

英吉利海峡隧道是一个巨大的工程项目,涉及众多的关系人,主要包括英法两国及其当地政府部门,欧、美、日等 220 家贷款银行,70 余万个股东以及大量的建筑建材公司。面对如此庞大的组织结构,合理有效的项目管理就成为整个工程项目顺利开展的关键性因素。

在此基础上,各方利益代表为了确保工程的完工,签订了一系列的合同,并以此作为多方共同合作的基础。因为整个海峡隧道工程项目的建设方法主要是"设计施工总包和快速推进相结合",所以在合同中需要对具体工程进行单独的设计。例如,在掘进工程中确立了目标费用合同;在采购工作中使用了成本加酬金合同。

(三)项目孵化

项目孵化指的是工程项目从提出设想到论证、立项直至组建主办机构的全部过程。

英吉利海峡隧道工程在项目论证阶段曾与多方咨询专家、专业教授进行过多次、长期的沟通,以确保整个工程项目的顺利进行。

在项目立项过程中,确定立项时机是关键步骤,也是整个项目孵化过程的核心所在。在海峡工程正式开工以前,其立项反复被舍弃或中断达 26 次之多。然而,反复、长期地进行项目论证可以对整个工程的可行性有一个更为直观的全面了解,以确保工程的可靠性,并最终决定工程的立项时机。

(四)重视环境

在修建英吉利海峡隧道的过程中,欧洲委员会曾经制定了一则运输战略,认为大力发展电气化铁路网可以有效降低汽车对周边环境的污染。因此,海峡隧道在建设过程中着重注意对周边环境的保护。

例如,临近居民所在地的终点站建设需要防止对周围居民及附近环境造成影响,并在相关地段安装用于隔音和遮挡视线的屏障,同时辅以一定的绿化。而车站的建设高度均在 4 层以下,以达到与环境相和谐的风格。相关部门会定期对施工

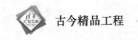

过程进行一系列的环境监测,确保灰尘、噪声等达到环保标准。

第四节　赵　州　桥

一、工程的基本介绍

作为我国古代石拱桥的杰出代表,赵州桥坐落于中国河北省石家庄市东南的赵县境内,横跨洨水两岸。

举世闻名的赵州桥,又被称作安济桥。建设于隋朝大业年间,从公元605年开始修建,历时11年,于公元616年正式完工,距今已有1 400多年的悠久历史。赵州桥由当时著名的匠师李春设计并负责修建,是一座空腹式的圆弧形石拱桥。整个赵州桥长64.4米,桥体主要由石料构筑。

在当时,我国的造桥技术在世界处于领先水平,其桥梁的建造技术曾多次传播到亚洲其他国家。而欧洲直到19世纪才出现这种造桥技术工艺,足足比中国晚了一千多年。

赵州桥是目前世界上现存的历史最为久远、保存最为完好的敞肩石拱桥,享有"华北四宝"的美誉。1991年,美国土木工程师学会将赵州桥列为第12个"国际历史土木工程的里程碑"。

二、工程的结构布局

著名的赵州桥是一座空腹式的圆弧形石拱桥,桥体全长64.4米。其中,跨径为37.02米;拱矢高度7.23米;拱顶的两端较宽,为9.6米,中间略窄,约为9米。

历史悠久的赵州桥为敞肩拱桥结构,即在两处拱圈处分别设计了两个小拱,小拱的跨度各不相同。这种设计方案是石拱桥的首创,不仅可以减少用工材料、降低桥体自身的重量,还可以有效增加河水的泄流能力,同时兼有美观的视觉效果。此外,为了增加赵州桥的美观性,在整个桥身的栏板、望柱以及锁口石处,进行了精美的雕刻,使得赵州桥成为一座精美的艺术品。

在桥身下方的河床内部,安置着整个赵州桥的根基。赵州桥的根基位于河床下方1米处,是一座由5层石条相互砌筑而成的桥台,高度为1.56米,承载着重达2 800吨的赵州桥。

三、工程的设计特点

赵州桥历经1 400多年,经历了10次水灾和多次地震,依旧坚不可摧,岿然屹立在洨水两岸,无疑是桥梁建造史上的伟大奇迹。这不得不说与桥梁的设计有着密不可分的关联。总地来说,在设计上赵州桥具有以下几个显著特点。

(一)圆弧拱形设计

在当时,较为普遍的是半圆形桥梁。但是,赵州桥所在的洨水河面较宽,因而需要设计一座大跨度的桥梁。所以这种半圆形的桥梁不适宜修建在跨度过大的河面之上,否则会造成拱顶过高,增加施工的危险性,并且不利于日后行人车辆的通行。因此,赵州桥摒弃了这种设计方案,而选择设计一座跨度较小的桥梁,即圆弧形的桥梁。

赵州桥主孔的跨度为37.02米,拱高为7.23米,二者的比例约为1:5。赵州桥采用这种圆弧形的设计形式,可以在实现大跨度的基础上有效降低拱形的高度。这样不仅极大方便了通行,还可以降低施工难度、大大节约建筑材料的成本。

(二)敞肩结构

对赵州桥进行敞肩结构的设计,将之前的实肩拱改为现在的敞肩拱。不得不说,这是一次桥梁建造史上的创举。

所谓敞肩结构,即在桥身大拱的两侧分别设计出两个跨度不同的小拱。其中,靠近大拱一端小拱的净跨度为3.8米,而另一小拱的净跨度则为2.8米。

由大拱和小拱共同组成的敞肩结构,具有多种优点。第一,增加泄洪能力。雨季时节河水流量激增,小拱可以有效增加河水泄流能力,减少大水对桥身的破坏,有利于桥梁安全性的提高。第二,符合结构力学。敞肩结构可以很好地承载桥梁自身重量,降低桥梁自身的变形,有利于加强桥梁的牢固性。第三,节省建筑材料。

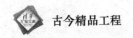

采用这种结构,可以节约石材 26 立方米,有效降低桥身重量 700 吨,有利于减轻桥梁自身对下方根基的压力。第四,有利造型美观。从整体上看,两个小拱与两个大拱对称分布,十分优美。使得赵州桥不仅具有建筑使用功能,还具有独特的艺术价值。

(三)单孔长跨

赵州桥属于大跨度的桥梁。一般来说,这种类型的桥梁往往采用多孔造型结构,以减小孔的跨度,最终达到增加桥面平缓度的目的。但是,这种古老的设计方案也使得桥墩的数量明显增加。从而不利于船舶航行,降低泄洪能力。

考虑到传统桥梁修建理念存在的缺点,设计者李春再次进行了一次创造性的设计,决定采用一种单孔长跨的桥梁形式。具体来说,即不在河流中部设立桥墩,而是利用长跨度的弧形拱结构将桥身重力平均分布在桥梁的两端,确保桥身的稳定性。

四、工程的建造过程

(一)桥梁选址

赵州桥的设计者李春,通过周密严谨的实地勘探调查,凭借着多年的丰富经验,决定在洨水两岸进行桥梁的建造工作。

洨水的两侧河岸平直,所处地层属于经水流冲刷而成的粗砂层,对于赵州桥的建造十分有利,大大增加了整个桥身的牢固程度。

(二)施工方法

1. 材料选择

修建赵州桥所用的石材皆为就近而得,主要来自邻近地区所产的青灰色砂石,这种石料具有质地坚硬的特点。

2. 砌置方法

赵州桥石拱的堆砌过程,主要运用纵向砌置法。具体来说,沿着桥身宽度方向,将彼此相互独立的 28 道拱券并列组合。每道拱券的厚度均为 1.03 米。施工时,通过不断移动用于砌置拱券的支架,逐步完成后续拱券的堆砌,操作方便、十分灵活。

3. 注重稳定性

为了提高赵州桥的牢固程度,确保整个桥身的稳定性,大桥采取了一系列的措施。

例如,每道拱券均下宽上窄、向内倾斜,从而使得各个拱券之间相互挤靠,大大增加了彼此的横向联系。在桥宽方向也安装了 5 个铁拉杆,达到夹紧拱券的目的。而桥梁自身的宽度从两端的 9.6 米逐渐减小至中间的 9 米,以起到"收分"的作用。此外,在桥梁外围的拱石上均附着了一层护拱石,达到保护拱石,增加桥梁自身稳定性的目的。

第五节　京杭大运河

一、工程的基本介绍

京杭大运河,古称"邗沟",是一条中国古代人民修建的著名人工运河。

京杭大运河北起北京,南至杭州,全长约 1 794 千米,其总长度是苏伊士运河的 9 倍、巴拿马运河的 22 倍。京杭大运河的修建最早可以追溯到春秋战国时期,隋朝开始大规模地正式修建并贯通南北,元朝时在此基础上进行了改建并最终形成。

大运河距今已有 2 500 多年的悠久历史,但因年代久远,部分河段已经不再具备通航功能。目前,大运河的通航里程为 1 442 千米,主要分布在山东、江苏以及浙江三省。

京杭大运河是中国重要的水路南北要道,其修建有利于南北地区的物资交换和社会交流,积极促进了中国的发展。与此同时,京杭大运河也是世界上总长度最长、工程量最大、年代最久远的人工运河,与长城一起并称为中国古代的两项伟大工程。

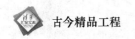

二、工程的结构布局

京杭大运河全长约 1 794 千米,北起北京,南至杭州,沿途经过北京、天津两直辖市以及河北、山东、江苏、浙江四省,贯通海河、黄河、长江、淮河、钱塘江共五大水系。

京杭大运河的河道几经变更或废弃,一些河段的名称已发生了变化。目前按照地理位置分布的不同,可以将京杭大运河划分为七大河段。由北至南依次为,通惠河、北运河、南运河、鲁运河、中运河、里运河以及江南运河。其中,通惠河位于北京市与通县之间,连接了温榆河、昆明湖和白河;北运河为通县至天津市一段,主要是潮白河下游一段;南运河连接了天津市和临清,是卫河下游所在地;鲁运河居于临清与台儿庄之间,以汶水和泗水为主要水源,途径东平湖、南阳湖、邵阳湖、微山湖等天然湖泊;中运河主要是台儿庄到清江一段;里运河则为清江至扬州段,并汇入长江;江南运河则指的是镇江与杭州之间的河段。

就其河流流向而言,海河以北的通惠河、北运河向南流;南运河、鲁北运河向北流;鲁南运河、中运河、里运河向南流;江南运河向南流。

三、工程的建造过程

(一)修建历史

京杭大运河的建造最早从春秋战国时期开始,隋朝时期基本完成,元朝时期加以改建并最终完成。在漫长的岁月中,历经三次大修,才最终形成了这一伟大的水运工程。

1. 春秋战国时期

京杭大运河在春秋战国时期主要完成了里运河的建造。

春秋末期,吴王夫差于公元前 486 年调集民夫开凿了胥溪、胥浦河段(今里运河)。这段京杭大运河最早形成的河段全长 170 千米,始自扬州,并逐步向东北方向延伸,途经射阳湖到达淮安,最终将长江水汇入淮河。

战国时期,在河北省境内引黄河水南下,先后修建了大沟、鸿沟。

2. 隋朝时期

京杭大运河在隋朝时期主要完成了广通渠、永济渠、通济渠以及江南运河的建造。

公元 7 世纪初,隋炀帝为了将南方的物资运往京城洛阳,加强对江南地区的统治,开始大规模地建造京杭大运河。公元 603 年开挖了"永济渠",永济渠全长1 000千米,以河南洛阳为起点,途经山东临清,最终到达北京市西南地区。公元605 年开凿了"通济渠",通济渠全长 1 000 千米,连接了京城洛阳至江苏淮安。公元 610 年修建了"江南运河",并整治了邗沟河道。江南运河全长 400 千米,主要是江苏镇江与浙江杭州一段,贯通了整个太湖平原。

加上公元 584 年开挖的东通黄河的"广通渠",至此洛阳与杭州形成了 1 700多千米的主河道。再加上一些支流河道,全长共计 2 400 千米的大运河系统基本完工。这个时期建造的大运河也被称为"隋唐大运河"。

3. 元朝时期

京杭大运河在元朝时期主要完成了洛州河、会通河以及通惠河的建造。

公元 13 世纪末,元朝定都北京。在隋唐大运河修建的基础上,对其进行改建,改道洛阳一段,以京都北京为大运河的终点。元朝开凿"洛州河"和"会通河",将天津市与江苏清江之间的众多天然湖泊、河道相连,并在北京市与天津市之间废弃的河道上,重新开挖了"通惠河"。

元朝花费 10 年的时间,最终完成了对大运河的改建工程。相较于之前的隋唐大运河,改建之后的大运河缩短了近 900 多千米。至此,贯通中国南北的水路交通大动脉——京杭大运河,最终建造完成。

(二)修建方法

京杭大运河的建造方法主要是充分利用已有的天然河道、湖泊,在此基础上或引水、相互贯通,或重新开挖新河道,最终将南北水系汇成一个统一的水域网络。

而在整个工程项目进行之前,也需要对周边环境,如当地气候、雨量变化、地质形态、河道走向、水流落差等相关因素进行全面严密的考量。例如,在开挖通惠河的过程中,其修建方案历经数次变更,通过对水量、泥沙、河道坡度等一系列因素的综合考虑,将水质清澈、含沙量少的多条天然河道相互汇集,解决了通行难题。而

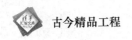

在洛阳一带修建的运河,开挖河道的选择摒弃了原本直线方案,转为选择了迂回路线。这是由于直线方案所在地势的高低落差过大,会造成河流一泻千里的不利局面。

四、工程的现状

京杭大运河贯穿中国南北,极大促进了南北之间的政治、经济、文化发展,是仅次于长江的第二条"黄金水道"。大运河沿线地区已经成为中国经济发达的区域之一,多数城市乡镇成为重要的港口、煤矿所在地。

京杭大运河原长 1 794 千米,因年代久远,部分河段已经不再具备通航功能。目前,大运河的通航里程为 1 442 千米,主要分布在山东、江苏以及浙江三省。

(一)山东省境内

位于山东省境内的京杭大运河,主要是指从山东济宁到江苏徐州一段,全长130 多千米。

该段河道的河底宽度为 50 米,水深 3 米。主航道达到三级航道标准,年航运能力可达 2 500 万吨。

(二)江苏省境内

位于江苏省境内的京杭大运河,主要是指江苏徐州至浙江南浔一段。大运河在江苏省境内全长 629 千米,分为苏北—苏中运河与苏南运河两个部分,实现了苏北、苏南的全线贯通。

其中,苏北—苏中运河全长 404 千米,以徐州、淮阴、扬州三市为起始点,途径 11 个县市,贯穿了微山湖、骆马湖、洪泽湖、高邮湖等水系。苏北—苏中运河属于二级航道建设标准,是京杭大运河上等级最高的航道,也是最为繁忙的河段。该处河道可以通过 2 000 吨级的船舶。其中,徐州一段的通行量最大,可达5 500 万吨。

苏南运河位于江苏省经济最为发达的地区。该河道全长 224 千米,贯通了长江、太湖水系。苏南运河的航道达到四级标准,可运行 500 吨级船队。其高达 1 亿吨的年货运量,使其超过江苏省境内的长江河段,成为最大运输量的河道。

（三）浙江省境内

位于浙江省境内的京杭大运河，主要是指浙江南浔至杭州一段，全长 120 多千米，贯穿了太湖水系和钱塘江水系。该段河道较为狭窄、弯曲，可分为东、中、西三条线路。目前，可以通行 300 吨位的船舶。

第六节　南京长江大桥

一、工程的基本介绍

著名的南京长江大桥，地处江苏省南京市鼓楼区和浦口区之间，是中国历史上第一座自主设计建设的双层式公路铁路两用桥梁。

南京长江大桥于 1960 年 1 月 18 日开始建造，而后分别于 1968 年 9 月、12 月实现铁路桥、公路桥的正式通车运行。其中，公路桥位于整个大桥的上层，全长 4 589米；铁路桥为双线形式，位于整个大桥的下层，全长 6 772 米。大桥下面是行驶万吨轮船的滚滚长江。

在中国，南京长江大桥是继武汉长江大桥、重庆白沙陀长江大桥之后，第三座飞跨长江的大桥，其规模在三座大桥中位居第一。同时，南京长江大桥连接中国南北交通的要道，大桥的成功建设也标志着中国开始独立自主设计建造大型桥梁，因而具有非比寻常的历史意义。在江苏南京，南京长江大桥是唯一一处可以与中山陵并驾齐名的建筑。

二、工程的结构布局

（一）主体布局

在整体结构上，南京长江大桥属于双层双线公路、铁路大型两用桥梁。南京长江大桥主要由引桥、正桥以及位于大桥南北两端的桥头堡组成。

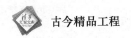

其中,正桥包括公路、铁路两个部分,其下方的桥孔跨度达到160米。公路桥位于正桥的上部,长度为1 577米,宽度为15米,双向4车道,两侧分别建有2.25米宽的人行道,150对玉兰花灯排列左右。铁路桥位于正桥的下方,长度为6 772米,宽度为14米,可允许双向列车同时通过。而引桥中只包括公路桥,全长3 012米,宽19.5米。引桥采取的是中国传统的双孔双曲拱桥形式,下端则是极富建筑特色的22个桥孔。加上引桥长度,公路桥的总长度达到4 589米。

为了达到一定的承重能力,南京长江大桥共设有9个桥墩。其中,最大的桥墩高达85米,底面积约为400平方米。

(二)桥头堡结构

在南京长江大桥的南北两端,分别建有一对桥头堡。

桥头堡的高度为70米,顶部是三面石质红旗,堡身四周雕刻着象征世界人民团结的浮雕。桥头堡的前部是一群由工人、农民、士兵、学生、商人组成的人物雕塑,高约10米,具有浓重的时代特色。桥头堡内安装有电梯,可以快速达到大桥瞭望台以及公路桥、铁路桥。

(三)浮雕艺术

在设计上,作为连接中国南北交通要道的南京长江大桥,不仅具有一定的时代氛围,还体现着一定的艺术价值。

在正桥的公路桥桥段的周边栏杆上,雕刻着被称为"新中国红色经典"的铁铸浮雕。整个浮雕一共由202块所组成,其中100块雕刻有向日葵图案,96块雕刻有祖国风景,其余6块则为国徽浮雕。

三、工程的建造过程

(一)修建历程

为了建造这座具有跨时代意义的南京长江大桥,工程人员于1956年5月开始了为期7个月的大桥勘测设计工作。经过多方的讨论,最终于1958年8月确定了整个大桥的桥址方案和设计方案。而后先后进行了长达10个月的大桥初测、定测工作。

在南京长江大桥正式开工之前,两组项目工程队分别于 1959 年 2 月、9 月开始了 5 号、4 号桥墩及其相关工程的建设项目。1960 年 1 月 18 日,整个南京长江大桥工程项目开始建设。1967 年 8 月 15 日,大桥合龙。1968 年 9 月 30 日以及同年的 12 月 29 日,长江大桥分别先后实现铁路桥和公路桥的正式通车运行。

南京长江大桥的建造,历时 8 年,期间共耗费了 50 万吨水泥、100 万吨钢材。南京长江大桥的竣工使得"天堑变通途",中国南北广大区域因此紧密联系,方便了人民的交流,极大地促进了中国的社会经济发展。

(二)修建技术

长江在南京段的水势湍急、流量较大,深度平均在 15 米至 30 米之间,宽度平均在 1 500 米。如此险要的地势,给南京长江大桥的修建带来了一定的困难。

然而,通过工程项目技术人员的不断深入分析,克服了重重困难。1978 年,南京长江大桥荣获"全国铁路科技大会优秀科技成果奖"、"全国科学大会奖"。1985 年,南京长江大桥荣获"国家科学技术进步特等奖"。

1. 桥址选择

考虑到南京长江大桥所在地质地形的复杂性,在其桥址选择上一共采取了 4 种型式。

在浅水面覆盖层深厚的位置,利用重型混凝土沉井;在基岩较好且覆盖层较厚的位置,采用钢板桩围堰管柱;在基岩较好且覆盖层较厚,但水位较深的位置,运用浮式钢沉井加管柱;在覆盖层较厚但基岩强度较低的位置,使用浮式钢筋混凝土沉井,形成由上部为钢筋混凝土结构、下部为钢与钢筋混凝土组合结构所共同组成的整体结构。

南京长江大桥桥址选择的项目作业中涉及的工程技术多数为中国国内首创。

2. 主体结构

南京长江大桥的正桥为钢桁梁结构,共有 9 墩 10 孔。每个桥墩的平均高度为 80 米,底部面积 400 多平方米,分别埋设于河床下方 33 米至 47 米处。10 孔中,其中 1 孔为跨度 128 米的简支钢桁梁结构,其余 9 孔为跨度 160 米的连续钢桁梁结构。通过使用优质合金钢杆件,主桁采用悬臂拼装架设法,于现场进行铆接拼装架设。

南京长江大桥的引桥是典型中国特色的双孔双曲拱桥形式。平面曲线通过"曲桥正做",采用直梁进行曲线拼装。

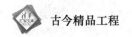

3. 材料选择

早期,南京长江大桥所用的钢材为低合金钢,主要依赖于苏联进口。后期,因为中苏关系紧张等政治因素的影响,中国鞍山钢铁技术人员开始进行自主研究,并成功研制出适合用于长江大桥建造的钢材,并逐步形成了桥梁材料的行业规范。这种新型钢材具有良好的韧性和塑性,且有利于生产。

第七节 青 藏 铁 路

一、工程的基本介绍

享有"天路"赞誉的中国青藏铁路,是一条世界上海拔最高、线路最长的高原铁路。

青藏铁路以青海西宁为东部起点,以拉萨为西部终点,总长度为 1 956 千米。青藏铁路共由两段铁路组成,其中一段为建成于 1984 年的西宁至格尔木的铁路,全长 814 千米;另一段为格尔木至拉萨段。该段铁路全长 1 142 千米,其中新建线路 1 110 千米,于 2001 年 6 月 29 日正式动工,并于 2006 年 7 月 1 日全线通车运营。

青藏铁路的绝大多数线路位于高海拔地区和"无人区",其修建过程中面临着多年冻土、高原缺氧、生态脆弱、天气恶劣四大难题。作为实施西部大开发战略的标志性工程,青藏铁路是中国新世纪四大工程之一,被誉为"纵贯东西的钢铁大动脉",担负着连接西部区域,特别是西藏地区与中国中东部区域的联系与交流,极大促进了中国西部地区的经济文化以及社会的发展。

二、工程的结构布局

(一)线路分布

青藏铁路西宁至格尔木一段,东起高原古城西宁,沿途经过崇山峻岭、草原戈壁、盐湖沼泽等多种地形地貌,最终抵达昆仑山下的戈壁新城格尔木。该段线路的沿线海拔绝大多数在 3 000 米以上,是中国自主修建的第一条高原铁路。因而,享有"团结线、运输线、幸福线、生命线"的美誉。

青藏铁路格尔木至拉萨一段,北起青海省格尔木市,沿途经过纳赤台、五道梁、沱沱河、雁石坪,而后跨越唐古拉山,进入西藏自治区的安多、那曲、当雄、羊八井,最终到达铁路终点拉萨市。在整段铁路线路中,位于多年冻土的线路有 550 千米,海拔高度在 4 000 米以上的线路为 960 千米。其中位于唐古拉山的一段线路,其最高点处的海拔为 5 072 米。

截至目前,随着青藏铁路的全线贯通,全国各地已经陆续在北京、上海、广州、重庆、成都、兰州、西宁开通了通往圣城拉萨的铁路线路。

(二)列车概况

青藏铁路的旅游观光列车车型主要以空调特快为主。4 趟列车的编组设计,主要包括 2 节软卧、4 节硬席、8 节硬卧。

青藏铁路的列车同时达到了国内最为先进的水平。例如,列车内部的装饰风格既充满现代气息,又时刻彰显着青藏地区的民族风情;列车配备了宽敞的玻璃和舒适的坐椅以满足旅客观赏沿途风景、消除旅途疲惫的需求。此外,为应对长时间的旅途劳累以及高原自然环境,整趟列车还建立了一套完善的游客生命保障系统,专门设立了供氧设备、药品及医疗器械,配备了专业的医务工作者。

为了保证列车在青藏高原恶劣的气候环境下能够安全平稳地运行,青藏铁路旅游观光列车着重在技术上进行了一系列的设计。整趟列车选用特殊电气及非金属材料,以应对列车所在的特殊环境。所有车厢全部为全封闭式结构,并设有相应的回收装置,确保废水、废气以及垃圾的合理处置。此外,全列车采用弥散式供氧与分布吸氧相结合的方式,满足列车供氧要求,保证车内总体含氧量以及旅客补充吸氧的需要。

(三)铁路标志

在铁路工程中,拉萨河特大桥被视为整个青藏铁路的重点标志性建筑。

拉萨河特大桥是青藏铁路进入拉萨市的最后一座大桥,坐落于拉萨市西南部的拉萨河上。大桥于 2003 年 5 月正式开工,并于 2005 年 5 月全面竣工。拉萨河特大桥全长 928.85 米,是青藏铁路全线上的唯一一座非标准设计的特大型桥梁,

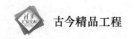
采用双层叠拱结构。

大桥形如哈达状的三跨连续钢拱设计，寄托了人们美好的祝愿，也象征了对远道而来的客人的欢迎。大桥的主桥与引桥的桥墩设计也格外新颖独特，赋予了美好的寓意。其中，主桥桥墩为牦牛腿式样，引桥桥墩为雪莲花式样。

（四）沿线风光

青藏铁路建造在风景如画的青藏高原地区，在近 2 000 千米的铁路沿线上，随处可见秀丽的青藏风光以及充满浓郁地域特色的民族风情。

乘坐青藏铁路旅游观光列车看到的第一处自然风景，为位于海拔 6 178 米处的玉珠峰。列车行驶至西藏自治区的安多地区，可以领略到世界上海拔最高的淡水湖——措那湖。此外，广袤的草原以及多种珍稀的高原动物，如藏羚羊等，更是随处可见。

而为了解决多年冻土问题修建的长约 150 千米的以桥代路工程、早于青藏铁路修建的青藏公路，更是青藏铁路沿线的另一种风景。

三、工程的建造过程

（一）修建历程

1. 青藏铁路一期工程

早在 20 世纪 50 年代，为促进高原地区的经济发展，党中央积极把握社会发展动态，作出了修建青藏铁路的重要指示。从 1956 年开始，开始了兰州至拉萨的全长约 2 000 千米的全面勘测设计工作。

1958 年，开始了青藏铁路一期工程的全面建设。一期工程为西宁至格尔木一段，全长 846 千米。该段铁路采用的是分段开工的修建方法，并于 1984 年 5 月正式完工。

随着中国经济的快速发展以及西部大开发战略的持续推进，为了满足日益增长的青藏铁路运输需求，开始计划对青藏铁路一期工程进行扩能改造工程。设计标准为一级铁路的扩建改造工程最终于 2001 年 10 月完工。2007 年，开始对该段线路进行复线建设，并于 2011 年 6 月 29 日实现全线路的电气化运营。

2. 青藏铁路二期工程

1994 年 7 月,党中央再次召开座谈会,明确提出修建进藏铁路的要求。1995 年,一系列相应的铁路论证工作随之展开。

2001 年 6 月 29 日,开始了青藏铁路二期工程的全面建设。二期工程为格尔木至拉萨一段,全长 1 142 千米。在整个工程的修建过程中,共修建隧道 7 座、桥梁 675 座、涵洞 2 050 座,完成路基土石方共计 7 853 万立方米,并在质量安全、技术攻坚攻关、环境保护等方面卓有成效。青藏铁路二期工程于 2006 年 7 月 1 日正式通车运行,是一条"无人化"管理的世界一流高原铁路。

(二)支线工程

在青藏铁路一期、二期工程全线贯通之后,为了实现以拉萨为中心的经济辐射,决定进行支线工程的修建。

该支线工程的建设计划于 2020 年前完工,包括 3 条客货两运的支线线路,分别是拉萨至林芝的拉林铁路、拉萨至日喀则的拉日铁路以及日喀则至亚东的日亚铁路。

作为西部开发性线路,支线工程的铁路将与青藏铁路共同完善西部地区铁路网络,打通进出西南、西北的新通道,并最终与印度铁路网连接,形成通向南亚的战略通道。

四、工程的建设方法

(一)组织管理

青藏铁路二期工程的建设,因为"非典"的原因而造成一定的耽搁。工期调整后,为确保整个工程按时保质地顺利完工,开始迅速对人员设备以及工程计划进行相应的调整。建设时期,人员设备相较于原计划增加了近一倍。为了确保工期、调动建设人员的积极性,开展了百日大战。在工程项目的组织管理上,将任务细化并落实到个人、层层签订责任状、建立严格的奖罚制度。整个工程 24 小时轮班作业,人歇机不歇,大大提高了施工作业的效率。

2004 年,是青藏铁路二期工程整体推进的关键一年。为确保整个工程项目的

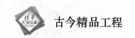

施工建设顺利进行,坚持"主体、附属工程齐头并进"的原则,每日对工程人员进行考核,并及时对计划作出调整。此外,把原材料运输到施工地点以节约时间,适时在相对宽松的工期项目进行施工建设突击,并提前对骨架护坡、排水沟、挡墙等附属工程进行安排考虑。

在整个青藏铁路二期工程的建设过程中,创造了日完成 1 300 多万元投资的最高施工纪录以及三个半月完成 8.2 亿元投资的工程项目纪录,创造了青藏速度。

(二)技术攻关

在青藏铁路二期的建造过程中,采用的是具有世界先进水平的移动式气压焊接技术,建造无缝线路。该项技术可以在设定的温度范围内,通过结合使用滚筒与撞轨的方法,进行应力放散和轨道锁定,最后运用探伤、打磨等工艺来消除钢轨接头缝隙。这项技术的成功运用,不仅将原来的焊接铁路变为无缝铁路,也确保了焊接处铁轨的安全运营性能。

1. 世界海拔最高的火车站

位于海拔 5 068 米的唐古拉车站是世界上海拔最高的火车站,为三股道设计。唐古拉山垭口属于多年冻土区,设计施工难度较大。为满足列车会让的需要,车站采用了片石通风路基的设计方案,使冻土温度保持相对稳定,达到确保车站工程安全稳定的目的。

2. 世界海拔最高、长度最长的高原冻土隧道

位于海拔 5 010 米的风火山上的风火山隧道是世界上海拔最高的高原冻土隧道,有"世界第一高隧"之称。该条隧道全部位于永久性高原冻土层内,全长 1 338 米。隧道所在的气候环境终年严寒、缺氧,十分恶劣。为解决隧道工程施工过程中的高原缺氧问题,建立了世界上海拔最高的制氧站,对隧道洞内进行弥漫式供氧。在整个青藏铁路的建设过程中,该项工程保持着施工人员最低高原病发病率的纪录。因建设环境恶劣,施工难度大,风火山隧道被列为青藏铁路重点建设工程之首,被称作"天字第一号工程"。

全长 1 686 米的昆仑山隧道是世界上长度最长的高原冻土隧道。隧道所在地区海拔 4 648 米,严寒难耐。为了应对冻土病害对隧道稳固性能的影响,在工程施工作业上增加了多重工序。在完成锚喷支护等基本工序后,还需要铺设两层防水

层和一道保温板,达到防水保温的作用,最后在最外层加固一层混凝土结构。

3. 世界最长的"以桥代路"大桥

位于海拔 4 500 多米的清水河特大桥是青藏铁路上最长的"以桥代路"大桥,全长 11.7 千米。该座大桥位于著名的国家级自然保护区——可可西里无人区,高寒缺氧,生态脆弱。而厚度高达 20 多米,且含冰量高的高原多年冻土地段,更是工程技术人员面临的首要问题。

为此,青藏铁路的工程技术人员采用"以桥代路"的方法,在保护自然保护区的基础上,克服了该地区的技术难题。在大桥的设计上,桥墩之间多达 1 300 个桥孔可供野生动物自由运动。

4. 中国规模最大的高原铺架基地

位于海拔 3 050 米的南山口铺架基地是目前中国铁路建设中规模最大的高原铺架基地。

在工程建设过程中,在保障质量与安全的前提下,平均每日铺轨 3 000 米、架桥 3.5 孔。其最高建设施工进度甚至达到了在平原地区建设同等规格项目的水平。

5. 青藏铁路第一高桥

三岔河特大桥是青藏铁路上最高的一座大桥,位于海拔 3 800 多米、地势陡峭的峡谷中。三岔河特大桥全长 690.19 米,其中桥面距谷底的距离为 54.1 米。大桥共有 20 个桥墩,其中 17 个属于圆形薄壁空心墩。在桥墩混凝土浇筑过程中解决保温难题,采用了在模板内通蒸汽,在模板外生火炉并外罩棉被的方法。整个工程建设中,全体施工人员奋力拼搏,将原本需要两年的工期缩短至一年。

五、工程的施工特点

(一)难度巨大

青藏铁路位于有"世界屋脊"之称的青藏高原,其建造施工中面临着生态脆弱、高寒缺氧以及多年冻土等三大世界铁路建设难题。

为了克服一系列的困难,工程项目的技术人员与施工人员多次进行了分析模拟研究。其中,为了解决冻土难题,相关技术人员积极总结了青藏公路、青藏输油管道、兰西拉光缆等大型工程的建设经验,并多次与俄罗斯、加拿大和北欧等国开展冻土研究成果的交流,建立了世界上最大的冻土研究基地。通过运用以桥代路、片石通风路基、通风管路基、碎石和片石护坡、热棒、保温板、综合防排水体系等措施,成功克服了这一世界难题,创造了多项世界建造纪录。

(二)重视环保

青藏铁路所处的区域同样是生态极为脆弱的地方,需要在施工过程中着重对周边环境进行相应的保护。

为了加强对环境的保护,青藏铁路在环保方面的投入占工程总投资额的8%。在工程建设过程中,首次设立环保监理,并与地方环保部门签订环境保护责任书。

例如,位于可可西里国家级自然保护区的清水河大桥还专门为野生动物开辟迁徙通道。在修建位于长江源头的大桥时,为确保施工过程不会对水体造成污染,所有产生的泥浆都必须进行二次沉淀处理。

(三)以人为本

青藏铁路施工建设过程中面临着诸多的恶劣环境,保障铁路建设者的生命健康也就成为整个工程项目的重中之重。

在施工建设过程中,坚持"统一生活、统一居住、统一饮食"的管理原则。在青藏铁路的沿线,均设有医疗卫生保障点,并实行免费医疗。在重点建设区域,配有高压氧舱,以及时应对高原缺氧的难题。

第九章 科技类精品工程

第一节　第一台电子计算机

一、工程的基本介绍

电子计算机指的是一种能够对各种数字化信息进行快速处理，并通过存储的数据和程序，自动执行相应程序的机器。因而，电子计算机是一种具有获取信息、处理信息、存储信息以及传递信息等多种功能的工具。

世界上第一台电子计算机，又被称为"电子管计算机"，诞生于 1946 年的美国。这是一台以电子管为主要电路元件的电子计算机。而后，从 1946 年至 1957 年生产的电子计算机，统称为第一代电子计算机。

二、工程的发展历程

（一）早期发展

电子计算机的发展是伴随着社会的发展而逐渐得以发展的。早在远古时期，

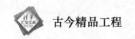

人类开始以手指、结绳作为基本的计数工具。后来,逐渐发明了算筹、算盘,达到解决日常生活中计算问题的目的。

在电子计算机发明之前,计算机的发展过程经历了机械式计算机和机电式计算机两个时期。

1. 机械式计算机

1621年,英国数学家奥垂德发明了圆形滑动计算尺。1624年,法国科学家帕斯卡发明了最早的计算器。该计算器为齿轮式结构,可以进行简单的加减法运算。1673年,德国数学家莱布尼茨在此基础上,研制了世界上第一台机械式计算机。此台计算机可以进行加减乘除四则运算。1777年,英国数学家巴贝奇成功研制了具有一定运算速度和精度的差分机,并在后期设计出了包含现代计算机5个基本组成部分的分析模型。

2. 机电式计算机

1886年,美国统计学家霍勒瑞思使用电磁继电器代替部分机械部件,发明了制表机,这是第一台机电穿孔卡机器。1941年,德国工程师朱斯成功研制了全部使用电磁继电器的计算机,标志着机电式计算机的正式产生。此计算机也是历史上第一台完全由程序控制的机电式计算机。

机电式计算机的发明对后期计算机的发展产生了深远的影响。具体来说,主要包括两个方面。第一,信息可以在打孔卡片上进行编码处理,并存储在卡片上;第二,存储信息的卡片组合在一起后,可以作为一连串的指令。

(二)战争的产物

不得不说,第一台电子计算机的诞生是第二次世界大战的产物。

在第二次世界大战中,为了确保武器能够准确地击中目标,必须精确计算相关数据并绘制"射击图表"。然而,每一个数据的产生都必须进行多达上千次的四则运算。利用之前的机械式、机电式计算机,总共需要动用数十人,耗时几个月的时间才能够最终完成。为了解决这一战争难题,人们开始研究以电子管作为计算机的主要元件,达到提高计算机的运算速度的目的。

正是在这样一种时代背景下,第一台电子计算机孕育而生。紧接着,拉开了第一代电子计算机的序幕。

三、工程的研制过程

（一）组成结构

1946 年，为陆军军械部研制的用于计算炮弹弹道轨迹的世界上第一台电子计算机，由美国工程师莫奇利成功研制。

这台主要用于电子数值积分的电子计算机，名叫"埃尼阿克"。其占地面积有 170 平方米，总重量达 30 吨，需要安置在两间大型教室中，堪称一座庞然大物。埃尼阿克包括 6 000 个开关，7 000 只电阻，10 000 只电容，18 000 只电子管，50 万条线。这台耗电量为 140 千瓦的电子计算机，每秒可以进行 5 000 次加法，400 次乘法，其运算速度比之前的计算机快 1 000 倍。

（二）运行原理

世界上第一台电子计算机的设计方案，最初由美国工程师莫奇利于 1943 年提出。为了大力支持计算机的研发工作，美国军械部门专门成立了由莫奇利负责的研究小组。研究小组的总工程师为埃克特，成员主要有数学家格尔斯、逻辑学家勃克斯。整个研发过程大约耗时两年完成。

第一台电子计算机采用电子管代替原先的继电器，以达到提高计算机运算速度的目的。电子计算机的运算过程主要以十进制运算为主。程序可以通过水银延迟线、静电存储管、磁鼓、磁芯等电子装置进行存储，并采用外部插入式。虽然第一台电子计算机是为了解决炮弹弹道计算问题，但是通过改变插入控制板里的接线方式，可以成为一台解决其他问题的通用计算机器。

第一台电子计算机的成功问世，标志着计算机时代正式开始，拉开了电子计算机发展应用的序幕。

（三）缺点

第一台电子计算机体积巨大，不利于操作；且耗电量多，极易因运行产生的高热量烧坏计算机的电子管等核心部件。此外，该计算机的存储容量过小。而以线路连接方式进行的程序设计，需要花费大量时间做准备工作。

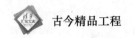

四、工程的后期发展

（一）改进工作

在第一台电子计算机的研制以及后期的发展过程中,数学家冯·诺依曼对许多关键性问题作出了重要贡献。可以说,现代计算机的快速发展正是建立在冯·诺依曼的思想之上的。因而,冯·诺依曼享有现代计算机之父的世界赞誉。

数学家冯·诺依曼创造性地提出了存储程序通用电子计算机方案,明确规定电子计算机主要由计算器、逻辑控制装置、存储器以及输入和输出5个部分组成,并具体阐释了基本组成部分的各自功能和相互关系,奠定了现代计算机发展的基础。

同第一台电子计算机埃尼阿克相比,该套设计方案采用二进制代替十进制,充分发挥了电子元件的高速运行速度。尤为重要的是,通过提出"存储程序"的思想,真正实现了自动运算,极大增强了电子计算机的运行能力。这一程序内存的设计思想,成功解决了第一台电子计算机的重大缺陷,并成为后期电子计算机设计的基本原则。

后来,冯·诺依曼再次提出了名为《电子计算机逻辑设计初探》的设计报告,建立了将指令和数据一起存储的程序存储原则。该原则的提出被视为"计算机发展史上的一个里程碑",标志着电子计算机时代的真正开始。

（二）改革换代

第一代电子计算机主要是指从1946年至1957年研制的电子计算机。该种电子计算机主要以电子管、内外存储器作为基本的电子元件。采用机器语言,运算速度为每秒进行几千次至几万次的基本运算,内存容量为几千字节。因体积庞大、使用不便,主要应用于军事和科研部门。

第二代电子计算机主要是指从1958年至1962年研制的电子计算机。该种计算机以晶体管代替电子管作为基本电子元件,内存储器主要为磁性材料制成的磁芯存储器,采用高级语言,并且具有体积小,耗电少,使用方便等多重优点。

第三代电子计算机主要是指从1963年至1970年研制的电子计算机。该种计算机以中小规模的集成电路为基本电子元件,磁芯存储器进一步发展为性能更好的半导体存储器。相较于第一代、第二代电子计算机,第三代电子计算机的性能得到极大的提升,运算速度达到每秒几十万次基本运算,并开始出现了操作系统和互联网络。

第四代电子计算机主要是指从 1971 年开始发展至今的电子计算机。该种计算机以汇聚成千上万个电子元件的大规模集成电路和超大规模集成电路为基本构件,且半导体存储器正式全部代替了磁芯存储器,运算速度可以达到每秒几百万次甚至上亿次基本运算。在软件设计上,主要为结构化程序设计和面向对象的程序设计。

(三)未来发展趋势

进入 21 世纪以后,电子计算机的发展方向更为多元化,主要有以下几种发展趋势:功能更加强大的用于解决复杂攻关难题的巨型化发展方向;具备基本功能且使用更加便捷的微型化发展方向;以及日趋成熟的网络化和智能化的发展方向。

第二节　阿波罗计划

一、工程的基本介绍

阿波罗计划,又被称为阿波罗工程,是美国在 1961 年 5 月至 1972 年 12 月之间进行的一系列载人登月飞行任务。

阿波罗计划包括为载人登月飞行做准备和实现载人登月飞行,主要任务为研究月球表面的理化性质,并为其他有关航天计划提供设备或技术上的帮助。整个计划历时 11 年,共实现 6 次成功登月,耗资 255 亿美元,高峰时期涉及三十余万人参与计划工作。

阿波罗计划是迄今为止美国规模最大的月球探测计划,在世界航天史上意义非凡。

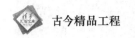

二、工程的飞船概述

(一)"阿波罗"号飞船

阿波罗计划是一系列载人登月航天任务,执行该航天任务需要借助"阿波罗"号飞船。该飞船主要由三个核心部分组成,分别为指挥舱、服务舱以及登月舱。

1. 指挥舱

整个指挥舱,高约 3.2 米,重约 6 吨,外形呈圆锥形。在执行载人登月任务时,指挥舱是整个飞船的指挥控制中心,也是宇航员在执行任务过程中工作和生活的场所。

按照所处位置和有关功能的不同,可以将指挥舱分为三个部分,分别为前舱、宇航员舱和后舱。其中,前舱主要安装了着陆部件、回收设备和姿态控制发动机等;后舱主要配备了各种仪器和储藏箱,包括船载计算机、姿态控制发动机、无线电分系统以及制导导航系统等;宇航员舱是指挥舱的核心组成部分,全舱密闭,并提供充足的可供宇航员使用的生活必需品和救生设备。

2. 服务舱

服务舱高 6.7 米,直径 4 米,重约 25 吨,整个外形呈圆筒形。在结构上,服务舱前端与指挥舱相连,而推进系统主发动机喷管则位于服务舱的后端。

服务舱后端的推进系统主发动机喷管主要用于实现轨道转移和变轨机动。其中的姿态控制系统的主要作用是实现飞船与第三级火箭、指挥舱与服务舱的分离以及登月舱与指挥舱的对接。

3. 登月舱

登月舱位于整个飞船的内部,高度约为 7 米,宽约 4 米,重量达到 14.7 吨。

登月舱是为了实现最终的登月计划而设计的舱体,主要包括下降级和上升级两个部分。其中,下降级由 4 条着陆腿、4 个仪器舱和着陆发动机三个基本部分组成,用于登月时的降落;上升级由仪器舱、控制系统、推进剂储藏箱、返回发动机和宇航员座舱组成,用于宇航员执行任务后返回,同时包括相应的导航、通信、生命安全等基本设施。上升级作为登月舱的核心组成部分,是宇航员完成登月活动后返回位于月球轨道上的指挥舱的唯一工具。

（二）运载火箭

为了将"阿波罗"号飞船顺利发射,需要借助运载火箭。目前,"阿波罗"号飞船主要使用的是"土星"号运载火箭,是美国为实现载人登月计划而专门研制的巨型运载火箭。"土星"号运载火箭主要包括"土星"1 号、"土星"1B 号和"土星"5 号三种类型的火箭。

其中,"土星"1 号和"土星"1B 号火箭主要用于飞行试验,以便为后期研制大型运载火箭获取有关的飞行数据和试验经验。"土星"5 号是阿波罗计划中实现载人登月的主要运载工具。"土星"5 号是采用惯性制导系统的巨型 3 级运载火箭,全长 110.6 米,重量为 2 930 吨。主要包括 S−1C 第一级、S−2 第二级、S−4B 第三级、仪器舱和有效载荷等部分。

三、工程的计划方案

1961 年 4 月 12 日,苏联宇航员尤里·加加林成为世界上第一位进入太空的人。后来,美国为了大力促进本国的航天计划发展,于 20 世纪 60 年代首次提出了作为先前水星计划后续计划的阿波罗计划。之前的水星计划只能在地球轨道进行有关的航天作业,而阿波罗计划可以摆脱地球引力的束缚,实现载人登月的梦想。

（一）飞行计划

1. 辅助计划

为了顺利开展试验飞行计划,并成功完成登月飞行计划,美国航空航天局着手准备了 4 个辅助计划。

1961 年至 1965 年执行徘徊者号探测器计划,期间共发射 9 个探测器,分析飞船在月球表面着陆的可能性。1965 年至 1966 年执行双子星座号飞船计划,期间共发射 10 艘各载 2 名宇航员的飞船,进行飞船飞行演练和有关生物医学的研究。1966 年至 1967 年执行月球轨道环行器计划,期间共发射 3 个探测器,通过获取的高清晰度的月球表面照片,选出预计的登月点。1966 年至 1968 年执行勘测者号探测器计划,期间共发射 5 个自动探测器,研究月球表面的理化性质。

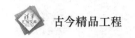

2. 试验飞行

在 1966 年至 1968 年之间,主要进行不载人飞行试验,共计 6 次。试验飞行的目的是鉴定"阿波罗"号飞船的运行性能和安全性能,并着重对飞船登月舱的动力装置进行考核。

在 1968 年至 1969 年之间,先后发射"阿波罗"7、8、9 号飞船,进行载人飞行试验。通过一系列的模拟飞行,检验飞船的可靠性,并为后期的登月飞行做相应的准备工作。

1969 年 5 月 18 日,发射"阿波罗"10 号飞船,进行登月实战演练。

3. 登月飞行

1969 年 7 月 16 日,"阿波罗"11 号正式执行登月飞行计划,尼尔·阿姆斯特朗和巴兹·奥尔德林、迈克尔·柯林斯三位宇航员跨过 38 万千米的征程,首次实现了人类载人登月的梦想。之后,美国先后 6 次发射"阿波罗"号飞船,共计有 12 名宇航员成功登上月球。

在美国卡纳维拉尔角肯尼迪航天中心,"阿波罗"11 号飞船由"土星"5 号火箭运载点火发射升空。飞船与第三级火箭分离后,经过 2.5 天的飞行,逐渐进入环月轨道。宇航员阿姆斯特朗和奥尔德林进入登月舱之后,与原飞船分离,最终在月球表面实现软着陆。之后,宇航员正式踏上月球表面,采集土壤岩石样品,展开太阳电池阵,安装月震仪和激光反射器。在完成一系列科研活动后,驾驶登月舱的上升级与母船会合对接。最终,"阿波罗"号飞船于 1969 年 7 月 24 日,在太平洋夏威夷西南海面降落。

(二)登月方案

为了确保宇航员顺利登月,先后设计出 4 个登月方案,并最终选取了"月球轨道集合"的登月方案。

另外三个登月方案分别是"直接起飞"、"地球轨道集合"以及"月球表面集合"。其中,"直接起飞"方案要求飞船直接进行起飞降落;"地球轨道集合"方案则需要两艘小型运载火箭才能够完成;"月球表面集合"方案需要发射两艘航天器。以上三种登月方案因缺乏一定的技术经验或设备有限,最终不能成行。

作为阿波罗计划的登月方案,"月球轨道集合"由约翰·C.霍博尔特的团队提出。宇航员驾驶由指挥舱、服务舱和登月舱组成的飞船,并通过进入月球轨道与母船分离的登月舱实现最终的登月。该登月方案有效减少了登月航天器的质量,因而具有很强的可行性。

四、工程的各次任务

在 1961 年 5 月至 1972 年 12 月间,前后发射了多次"阿波罗"号飞船。

(一)"阿波罗"1 号飞船

1967 年 1 月 27 日,美国航空航天局准备发射"阿波罗"1 号飞船。不幸的是,因电火花点燃了飞船座舱的纯氧,宇航员维尔基尔·格里森、爱德华·怀特和罗杰·查菲在大火中身亡,"阿波罗"1 号飞船也在大火中被吞噬。

(二)"阿波罗"4 号、5 号、6 号飞船

在经历了"阿波罗"1 号飞船的失败以后,美国航空航天局总结经验教训,在 1966 年至 1968 年间,先后发射"阿波罗"4 号、5 号、6 号飞船,进行无人测试飞行。

(三)"阿波罗"7 号—9 号、10 号飞船

"阿波罗"7 号、8 号、9 号飞船执行的是载人飞行试验,"阿波罗"10 号飞船执行的是载人飞行实战演练。

1968 年 10 月 11 日,"阿波罗"7 号飞船实现第一次载人太空飞行,并测试了登月舱的对接系统。1968 年 12 月 21 日,"阿波罗"8 号飞船成为首个抵达月球的人造飞船,并检验了飞船指挥舱系统的各项性能。1969 年 3 月 3 日,"阿波罗"9 号飞船的登月舱首次在地球轨道飞行,并进一步检验飞船的登月舱。1969 年 5 月 18 日,"阿波罗"10 号飞船进入月球轨道,进行飞行实战演练,对飞行全过程进行全方位的检测。

(四)"阿波罗"11 号飞船

1969 年 7 月 16 日,"阿波罗"11 号飞船成功发射,并开展了为期 8 天的载人登月飞行计划。宇航员成功在月球着陆,并进行了一系列的科学实验研究。这是个

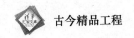

人的一小步，却是人类的一大步。

（五）"阿波罗"12 号—17 号飞船

从 1969 年 11 月至 1972 年 12 月期间，美国航空航天局相继发射了"阿波罗"12 号、13 号、14 号、15 号、16 号、17 号飞船，实现了 12 名宇航员的成功登月。其中，"阿波罗"13 号飞船因服务舱液氧箱爆炸不得不中止登月任务，庆幸的是三名宇航员驾驶飞船安全返回地面。

第三节　秦山核电站

一、工程的基本介绍

秦山核电站，位于中国嘉兴市海盐县，是中国第一座自行设计、建造和运营管理的压水堆核电站。

秦山核电站共由三期工程组成。其中，一期工程于 1984 年动工，并于 1991 年建成，采用成熟的压水型反应堆。二期工程在一期工程的基础上进行扩建，于 1996 年开工，并于 2004 年投入运行。三期工程于 1998 年开始，并于 2003 年完工，由中国和加拿大两国合作完成。

秦山核电站的建设及平稳安全运营，正式结束了中国内地无核电的历史，开始了中国自主利用核能的新阶段。秦山核电站产生的清洁电能不仅可为当地提供充足的电源，还可以有效缓解华东地区尤其是长三角区域的能源不足状态，大大促进了中国中东部地区的经济发展。2009 年，秦山核电站工程获得"新中国成立 60 周年百项经典暨精品工程"的荣誉称号。

二、工程的结构布局

（一）基本布局

秦山核电站包括一期、二期以及三期工程，规模十分庞大。

秦山核电站一期工程于 1984 年开工,1991 年 12 月正式建成,在经过两年的测试运行后,投入商业运营。一期工程是中国内地第一座核电机组,采用成熟的压水型反应堆技术,包括一座 30 万千瓦核反应堆、3 台共计 30 万千瓦的汽轮发电机组以及输电设备和配套基础实施。整个一期工程可实现 17 亿千瓦时的年发电总量。

秦山核电站二期工程是在一期工程基础上扩建形成的,于 1996 年动工,2004 年正式运营。与一期工程一样,二期工程是由中国自主设计、建造和运营的,并采用压水型反应堆技术,主要包括两台 60 万千瓦发电机组。

秦山核电站三期工程由中国和加拿大共同合作建设,于 1998 年开工,2003 年正式完工。与之前的一期、二期工程有所不同,三期工程使用的是重水型反应堆技术,该技术由加拿大提供,并且建设了两台 70 万千瓦发电机组。

目前,秦山核电站共有 5 台发电机组,总的装机容量为 290 万千瓦,是中国大型的核电基地。

(二)主要组成

秦山核电站的一期、二期工程为压水堆核电站,三期工程为重水堆核电站。

1. 压水堆核电站

压水堆核电站是以压水堆为主要热源,由核岛和常规岛组成,包括主泵、堆芯、稳压器和蒸汽发生器四大基本要素。其中,核岛主要包括压水堆本体、一回路系统以及相关的支持辅助系统;常规岛主要包括汽轮机组和二回路系统等。

核电站的动力装置主要由反应堆和一、二回路系统三部分组成。

2. 重水堆核电站

重水堆核电站是以重水堆为主要热源,可以划分为压力容器式和压力管式两类。重水堆核电站与其他类型的核电站的主要不同之处在于,以天然铀作为核燃料,以重水作慢化剂,用轻水或重水作冷却剂。

(三)安全配套设施

一直以来,秦山核电站的运营始终把安全问题放在首位。

为了有效防止放射性物质发生泄漏事故,整个秦山核电站一共设有三道安全屏障。第一道安全屏障是用锆合金管把燃料芯块密封组成燃料元件棒;第二道安

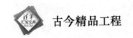

全屏障则主要由高压容器和封闭的一回路系统组成;第三道安全屏障是一个密闭的安全壳。

为了在发生安全事故时,自动冷却、停闭堆芯,秦山核电站还设有安全保护系统、应急堆芯冷却系统、安全壳隔离系统、喷淋系统、消氢系统、冷却系统和空气净化系统等一系列配套装置。

除此以外,为了确保秦山核电站安全稳定地运行,在秦山核电站的周围还建造了两座抽水蓄能电站。其中,位于浙江省安吉县的天荒坪抽水蓄能电站,配备有6台30万千瓦发电机组;位于浙江省天台县的桐柏抽水蓄能电站,则安装了4台30万千瓦发电机组。

三、工程的建造过程

(一)选址问题

通常来说,核电站对选址有着极其严格的要求,一般主要从经济、技术、安全、环境和社会几个方面进行全方位的考虑。

首先,核电站需要建造在经济发达的地区,并具有充足的用电需求,以确保具有足够的资金进行核电站的建设和运营。其次,核电站的建造地点需要具备一定的技术基础,确保整个工程的安全。再次,厂址要求方圆50千米以内不能有大中型城市,数千米范围内没有活动断裂地形;并且周边具有大型水源,以应对核电站产生的巨大热量。最后,核电站的建造还需要充分考虑突发事件对周边社会以及居民所产生的影响。综上所述,核电站主要建立在地质条件良好、靠近水源、人口密度低、易隔离的经济发达地区。

目前,秦山核电站坐落于中国浙江省海盐县秦山双龙岗,面临杭州湾,背靠秦山。这里具有良好的地理条件、靠近水源、人口密度低,且地处经济发达的华东沿海地区,是理想的建设核电站之地。

(二)设计原则

秦山核电站是中国内地自主修建的第一座大型核电站。因之前没有足够的建造经验,秦山核电站的建造并没有过多地考虑其经济效益,而是更多地侧重于整个工程项目的安全性能,确保核电站的平稳运营。为此,在秦山核电站的设计过程中,对一些技术指标均留有较多的安全裕量,基础设备均设有双重而又独立的系统。

在秦山核电站建成运营之后,因一些参数的选择留有余地,预计在后期可提高功率10%左右。

(三)建设历程

整个秦山核电站的占地面积为28万平方米,共有121个中国生产的燃料组件、4 900台设备、12座构筑物、38座建筑物等。

秦山核电站一期工程于1984年开始建设,并于1991年正式完工。

早在1987年,秦山核电站二期工程正式立项。1、2号机组先后于1996年6月2日、1997年3月23日开工,历时8年,最终分别于2002年4月15日、2004年5月3日投入商业运行。在核电站的设计中,在堆芯以及安全系统的综合性能与安全性方面有着多次重大创新性成果,优化技术参数,提升了机组出力。在核电站的建设过程中,与国内已建成的核电站相比,其工程项目造价低于国内平均水平。尤为值得一提的是,在二期工程中,创立了中国第一个具有自主知识产权的商用核电品牌——CNP650,实现了中国核电建设历史的重大飞跃。

秦山核电站三期工程是中国第一座商用重水堆核电站,也是目前中国和加拿大最大的合作项目。三期工程于1998年正式开建,1号机组于2002年11月并网发电,2号机组于2003年6月实现运营目标。整个三期工程的设计寿命为40年,设计年容量因子为85%。在三期工程的建设过程中,创造了重水堆核电站建设周期最短的纪录,整个工期比预计提前了112天。

第四节　西气东输

一、工程的基本介绍

作为一项西部大开发的标志性工程,西气东输工程指的是通过修建输气管道,

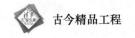

将中国西部地区蕴藏的丰富天然气输送到东部地区。

西气东输工程的建造于 2000 年至 2001 年间先后启动,于 2004 年 10 月 1 日开始贯通投产。西气东输工程的输气管道西起新疆塔里木盆地的轮南油田,贯穿中部地区,最终抵达上海,并顺延至杭州。整个工程途径 11 个省区,年输气能力达到 200 亿立方米。全长上千千米的西气东输工程,加上境外管线,总长度可以达到 15 000 多千米,惠及人口超过 4 亿人,使其成为世界上距离最长、惠及人口最多的基础设施工程。

目前,西气东输工程是中国距离最长、管径最大、输气量最大、施工条件最复杂,也是投资最多的天然气管道工程项目。同时,作为一项仅次于长江三峡水利枢纽工程的重大工程项目,西气东输工程被列为中国新世纪四大工程之一。西气东输项目的成功建设运营,有利于改善我国的能源结构,有利于治理大气污染,有利于推动西部地区的经济发展,也有利于缓解中东部地区的能源紧张问题,对于扩大内需、增加就业同样具有极其重要的意义。

二、工程的实施背景

一直以来,中国的能源工业在快速发展的同时,也存在着一系列的问题。例如,能源结构不合理、消费煤炭资源所占比重过大、由此产生的大气污染问题较为严重等。因此,设计并建设一套切实可行的工程项目,改善并消除上述严重问题,就显得十分必要。

在中国西部地区的新月形天然气聚集带上,共有 21 个大中小气田。中国中西部地区也拥有六大含油气盆地。目前,已经探明新疆塔里木盆地和柴达木盆地、四川盆地以及陕甘宁地区,蕴藏着约占全国陆地天然气资源87%的多达 26 万亿立方米的天然气资源。尤其是塔里木盆地天然气的发现,使得中国成为了继俄罗斯、卡塔尔、沙特阿拉伯等国之后的天然气大国。而作为西气东输气源接替区的长庆气区,其天然气资源蕴藏量也达到了 10.7 万亿立方米。

由此可见,建造一条连接中西部地区、贯穿中部地区的大型天然气管道输送工程项目,是十分迫切必要的。除了已经建成使用的陕京天然气管线,还需要额外修建三条天然气管线。除此以外,西气东输的输气管道在未来还将与俄罗斯以及中亚国家的天然气管道相连接。通过建设西气东输工程,可以将富含在西部地区的丰富天然气,源源不断地输送到能源供应紧张的中东部地区,既有效地推动了西部地区的经济发展,也有利于改善中国的能源结构,治理存在已久的大气污染问题。

三、工程的结构布局

(一)总体概述

整个西气东输工程项目,西起新疆,东至上海,南抵广东。整个输气线路全部采用自动化控制,覆盖了中国的中原地区、华东地区以及华南地区。

总地来说,西气东输工程主要包括一线、二线、三线工程。除主线工程外,还建立了支线连接网。此外,还与俄罗斯和中亚一些国家的天然气输气管道相连接。

(二)主线工程

1. 一线工程

西气东输的一线工程是中国自主设计并建设的第一条世界级天然气管道工程。

西气东输的一线工程西起新疆塔里木盆地的轮南油气田,东至上海的白鹤镇,沿途经过新疆、甘肃、宁夏、陕西、山西、河南、安徽、江苏、上海、浙江十个省、自治区和直辖市,覆盖了中原、华东、长江三角洲地区。"西一线"工程全长4 200千米,年输送量可达120亿立方米。

2. 二线工程

西气东输的二线工程是中国第一条引进境外天然气的大型管道工程。其主供气源来自土库曼斯坦、哈萨克斯坦等中亚国家,并将国内气源作为备用、补充气源。

西气东输的二线工程西起新疆的霍尔果斯,南下广州,东至上海。沿途经过新疆、甘肃、宁夏、陕西、河南、安徽、湖北、湖南、江西、广西、广东、香港以及江苏、浙江、上海15个省、自治区、直辖市和特别行政区。"西二线"工程由一条主干线和八条支干线组成,主干线全长4 895千米,支干线总长为3 726千米,年输送量可达300亿立方米。

西气东输的二线工程与之前建设的陕京管道、涩宁兰线以及西气东输一线工程进行联网,不仅可以随时调剂气源,更是构成了覆盖中国28个省、自治区、直辖

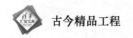

市和特别行政区的 4 万千米的"气化中国"的能源大动脉。

3. 三线工程

西气东输的三线工程是中国第二条引进境外天然气资源的大型管道工程,主供气源来自中亚国家,补充气源来自新疆。

西气东输的三线工程西起新疆的霍尔果斯,东至福建福州,南抵广东韶关。其新疆霍尔果斯至陕西西安一段与西气东输二线工程重叠,整个工程沿途经过新疆、甘肃、宁夏、陕西、河南、湖北、湖南、江西、福建和广东十个省、自治区。"西三线"工程主要由一条干线、五条支干线和三条支线组成,总长度达到了 7 378 千米,年输送量为 300 亿立方米。

(三)支线连接网

为了进一步扩大覆盖面,完善天然气供应网络,中国规划在 2009 年至 2015 年,相继在东南沿海、长三角地区、环渤海地区以及中南地区等多个重点区域,修建 8 000 千米的支线管道。通过建立的支线连接网,与主线工程一同组成惠及众多人口的大型天然气供应管道工程。

具体来说,在东南沿海修建西二线、西三线、福建、中缅管道支线;在长三角地区修建西二线上海支线、金华—丽水—温州—台州支线、如东—南通—江都支线;在环渤海地区修建秦沈线、陕京三线、山东管网等支线;在中南地区修建西二线、西三线、十堰、湘潭支线。

随着后期输气管道的全面建设,预计到 21 世纪中期,整个中国将形成覆盖 95％地区的天然气输送管道网络。

四、工程的建造过程

(一)一线工程

西气东输的一线工程于 2002 年 7 月开工建设,并于 2004 年 10 月 1 日全线完工并投产运营。整个"西一线"工程的建设主要包括新疆塔里木盆地天然气资源的勘探开发、塔里木至上海天然气输送管道的建设以及下游天然气利用配套设施的建设。

其中,管道工程的建设采取"干支结合、配套建设"的方式,年输送量为 120 亿立方米。输气管道的设计标准主要有,管道直径为 1 016 毫米,设计压力为 10 兆帕。后来二线、三线工程的输气管道同样采取该建设标准。

(二)二线工程

西气东输的二线工程开始于 2008 年 2 月 22 日,并在新疆鄯善、甘肃武威、宁夏吴忠、陕西定边 4 个地方同时开工。"西二线"工程的西段于 2009 年 12 月 31 日完工,东段于 2011 年 6 月 30 日投产。于 2012 年 12 月 30 日完工的广州至南宁支干线标志着整个二线工程的全面竣工。

除输气管道的建设外,西气东输的二线工程还建设了相应的配套设施,包括河南平顶山储气库、湖北云应盐穴储气库以及南昌麻丘水层储气库,共三座地下储气库。

(三)三线工程

1. 概况

整个西气东输的三线工程主要有东、西、中段干线的建设,支干线和支线的配套建设以及储气库和应急调峰站等建设。其中,"西三线"工程的东段、西段干线工程均已于 2012 年 10 月正式开工,并计划分别于 2013 年、2014 年完成西段与东段干线工程的建设。"西三线"工程的中段干线工程已经完成前期的准备工作,计划于 2013 年开工,2015 年完工。其余的支干线与支线、储气库以及应急调峰站将逐渐在后期根据市场情况适时建设。

2. 涉及技术

在西气东输三线工程的建设过程中,首次大规模应用国产化电驱、燃驱压缩机组和大口径干线截断球阀,打破了国外公司在天然气管道关键设备的长期垄断,极大促进了中国国内制造业的发展。

除此之外,在"西三线"工程的建设过程中,首次采用机械喷涂液体聚氨酯补口、中频加热辅助热收缩带安装、机械化补口工作站等大批的新兴技术。

3. 建造特点

首先,西气东输的三线工程是第一次引进社会资本和民营资本进行建设的大

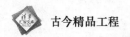

型管道工程项目,有利于引导民间资本在市场领域的合理流动。

　　其次,"西三线"的建设过程注重节约资源。在三线工程的建设过程中,通过将一些设施设备与"西二线"进行合建,达到节省建设材料、减少建筑用地、节约投资资本的目的。并且,二线、三线工程的联合运营,可以有效实现节能降耗,方便管理和维护。

　　最后,"西三线"的建设中也将环保问题切实地考虑在内。在项目正式实施之前,进行全面的环境评价。通过建立"健康、安全、环保管理体系",确保整个施工过程不会对周边环境造成破坏。例如,对挖土回填的施工标准是要求土壤回填之后确保草类可以生长。

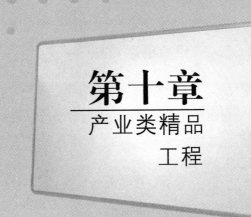

第十章
产业类精品工程

第一节　长春第一汽车制造厂

一、工程的基本介绍

　　长春第一汽车制造厂,坐落于中国吉林省长春市,是目前中国第一汽车集团公司的前身。

　　长春第一汽车制造厂于1953年开始建造,并于1956年投产使用。曾经于1956年生产出新中国成立以来的第一辆汽车——解放牌卡车,于1958年生产出新中国第一辆东风牌小轿车和第一辆红旗牌高级轿车。目前,长春第一汽车厂经过近半个多世纪的发展,已经改制为中国第一汽车集团,简称为中国一汽,并继续以吉林省长春市作为集团总部所在地。

　　长春第一汽车制造厂的兴建,拉开了新中国自主研制生产汽车的历史序幕,开创了中国汽车工业新的历史。如今的中国第一汽车集团公司,已经成为中国国内最大的汽车企业集团之一。2009年,长春第一汽车制造厂获得"新中国成立60周年百项经典暨精品工程"的荣誉称号。

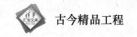

二、工程的创建过程

新中国成立后,面对几近崩溃的工业,中央决定举全国之力大力发展民族工业。1949 年 12 月,经过中苏双方的协定,确定由苏联援助中国建设第一个载重汽车厂。之后经过一年多的全面调查研究,最终决定把吉林省长春市作为第一汽车制造厂的厂址。

自 1951 年开始了长春第一汽车制造厂的筹备、初创阶段。

(一)筹备阶段

1950 年至 1953 年,为长春第一汽车制造厂的筹备阶段。

1950 年,中国重工业部为第一汽车制造厂的筹建工作,建立了一支汽车工业筹备组,负责拟定建厂方案、选定工厂厂址以及搜集技术与图纸等基本工作。

1. 建厂方案

考虑到当时中国所处的工业基础较为薄弱,因此汽车工业筹备组决定建设的汽车制造厂的规模不宜过大。而借助苏联有关汽车专家的帮助,可以建设一座小型规模的现代化汽车制造厂。

2. 工厂厂址

为了确定新中国第一座汽车制造厂的位置,汽车工业筹备组曾先后在北京、石家庄、太原、西安、武汉等多个地方,进行了多次实地考察。最终,根据地理位置、交通环境、工业基础等多方面因素的综合考虑,决定在吉林省长春市的孟家屯地区建造汽车制造厂。

3. 搜集工作

虽然当时中国的汽车工业尚未发展,但之前也曾购买过大量有关的汽车图纸。汽车工业筹备组通过搜集大批的汽车图纸,积极学习并借鉴汽车工厂的设计建造方案、汽车的车型以及生产汽车的相关技术。

（二）初创阶段

在完成了长达三年的汽车厂的筹备工作后，从 1953 年至 1966 年间，开始了长春第一汽车制造厂的初创阶段。

1953 年 7 月 15 日，举行了隆重的长春第一汽车制造厂奠基典礼。第一汽车制造厂的总建筑面积达 75 万平方米，其中工业建筑面积为 41 万平方米。在汽车制造厂的建设过程中，安装了 2 万台机器设备，上万套工艺装备。此外，还铺设了总长度达 8 万多米的管道以及 30 多千米的铁路，作为相关的辅助配套设施。

（三）巨大影响

长春第一汽车制造厂先后成功生产出中国历史上的第一辆汽车、第一辆轿车，在汽车生产领域积累了大量的技术经验。在长春第一汽车制造厂建设完成之后，中国又陆续在上海、南京、济南、北京新建了汽车制造厂，与一汽一同形成了南汽、上汽、济汽、北汽五大汽车生产基地。生产了大批重型、中型、轻型载货汽车，越野汽车以及轿车等多个品种，积累了一定的生产经验，培养了大批汽车技术人员。

三、工程的历史成就

（一）第一辆汽车

1956 年 7 月 13 日，长春第一汽车制造厂生产出了中国第一辆国产汽车，彻底结束了中国不能自主制造汽车的历史。

"解放"牌 CA10 型载货汽车，以苏联吉斯 150 型汽车为研制生产范本，并充分考虑中国的实际情况，通过对部分结构进行一定的改进，最终将其制造生产出来。这辆载重 4 吨的汽车，安置有 6 个汽缸的汽油发动机，最高时速为 65 千米。既可以满足当时中国道路、桥梁的行驶条件，也可以根据需要改装成变型汽车，以适应其他特殊用途。

（二）第一辆轿车

从 1957 年 5 月开始，长春第一汽车制造厂开始着手研究生产中国汽车工业史上的第一辆轿车。为了满足不同消费群体的需求，决定研发供国家领导人使用的

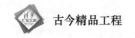

大排量豪华轿车以及供政府公务人员使用的普及型轿车两种不同的类型。

1. 东风牌小轿车

长春第一汽车制造厂首先研制的是适用于政府公务人员使用的普及型轿车——东风牌轿车。

1958年5月5日，第一汽车制造厂生产出了中国第一辆东风CA71型轿车。小轿车全身采用流线型结构，车顶为银灰色，车身为紫红色。为了充分体现中西方文化的交融，车灯采用中国古典大红宫灯大灯的设计，并在前方发动机机罩上用一条银灰色的龙形图案进行装饰。

2. 红旗牌高级轿车

在东风牌小轿车研制成功后，长春第一汽车制造厂随即开始研制适用于国家领导人使用的大排量轿车。

1958年6月，中国第一辆CA72红旗牌高级轿车被成功研制出来。这辆轿车是以克莱斯勒C69型轿车为参考蓝本，仅历时一个半月就成功生产出来。红旗牌轿车的车身为黑色，车身前方的格栅采用中国传统的扇子图案，并在发动机机罩上方装饰一面五星红旗。在后来一年的时间里，共计生产35辆红旗牌轿车，作为新中国成立10周年的贺礼。

（三）其他

在生产出第一辆解放牌汽车以及第一辆东风牌、红旗牌轿车之后，长春第一汽车制造厂在汽车的研制生产过程中，学习了大量技术、积累了众多经验，这为后期汽车的生产奠定了坚实的基础。

1958年9月26日，长春第一汽车制造厂生产出了第一辆CA30型军用越野汽车。这辆2.5吨重的三轴越野汽车，缓解了军队对运输汽车的迫切需求。

1961年，第一汽车制造厂成功生产出高级豪华防弹保险车CA772。这辆汽车的车身采用厚达8毫米的防弹装甲钢板制作，车窗则由5层防弹钢化玻璃组成，并确保轮胎中弹后不会产生漏气现象。

1965年，第一汽车制造厂正式研制出一辆三排座的豪华型高级轿车CA770。相较于之前的两排座红旗轿车，人们习惯性地将其称为"大红旗"。

四、工程的后期发展

(一)成长发展时期

在 1956 年至 1978 年期间,为长春第一汽车制造厂快速成长发展的时期。

在这一时期,第一汽车制造厂创造了生产第一辆国产汽车的创举,并最终达到生产 6 万辆汽车的生产水平,积累了大量汽车生产技术经验,培养了大批的有关汽车专业的人才。经过多年的整顿,汽车生产逐步走上正轨。

(二)换型调整时期

在 1979 年至 1988 年期间,为长春第一汽车制造厂的换型调整时期,又被称为第二次创业时期。

在这段时期内,第一汽车制造厂顺利完成了解放牌第二代产品 CA141 汽车的设计和生产。积极学习日本先进的技术和管理理念,采用同时工程、网络技术的方法进行组织变革,扩大了产品自销权、外贸外经权和规划自主权,与多家研究所、设计院进行合作交流,并成立了解放汽车工业联营公司。

(三)结构调整时期

1988 年至 2001 年期间,为长春第一汽车制造厂的结构调整时期,又被称为第三次创业时期,主要以发展轿车、轻型车为主要标志。

在这段时期内,第一汽车制造厂先后建立了一汽轿车、一汽大众两个现代化轿车生产基地,积极进行汽车生产企业的兼并重组,调整产品结构,形成了"中、重、轻、轿"并举的局面。此外,通过不断深化改革,在体制上实现了传统国有资产工厂向多元化资产结构的集团公司的转变。通过不断加强对外合作,建立了大批中外合资企业,实现了由国内市场向国内、国外两个市场并进的重要转变。

(四)三化建设时期

从 2001 年开始,改制后形成的中国第一汽车集团公司主要向实现"规模百万化、管理数字化、经营国际化"的目标迈进,简称为"三化"目标。

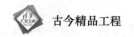

五、工程的经营现状

（一）目前布局

目前，中国第一汽车集团公司的生产企业和科研院所以中国吉林省长春市为公司总部所在地，分布在全国 14 个省、市、自治区的 19 个城市，覆盖了中国东北、环渤海地区、长江三角洲以及西南地区。

如今，第一汽车集团公司形成东北、华北与胶东、西南三大生产基地，生产中、重、轻、轿、客、微多品种的整车、主机和零部件。

（二）人才战略

在近半个多世纪的发展过程中，不断壮大的中国第一汽车集团公司一直秉持着"人才发展战略"，坚持"先人后事"的管理原则，以核心人才引进培养为重点，成功建立了一支素质优良、结构合理、精干高效的员工队伍。

例如，在员工管理中，进行体系化人才开发，实施差别化培训，开展"801"和"901"两大人才工程，开辟人才成长的绿色通道，建立长期有效的激励机制等。

第二节　大庆油田

一、工程的基本介绍

位于松辽盆地上的大庆油田，是中国的第一大油田，在世界范围内位居第十。

1959 年 9 月 26 日，大同镇"松基三井"油井成功钻探出工业油流，正式宣布中国发现大庆油田。并于 1960 年开始对大庆油田进行全面建设。从 1976 年开始，油田的年产量达到并稳定保持在 5 000 万吨以上。

截至目前，大庆油田探明的石油地质储量为 56.7 亿吨、天然气地质储量为 548.2 亿立方米，累计生产原油 18.21 亿吨。特别是连续 27 年的年 5 500 万吨石油产量,更是在世界上创造了一部石油神话。

从最初的发现到后期进一步的开发和建设,大庆油田通过证实陆相地层能够形成油田,极大丰富和发展了石油地质学理论。与此同时,作为大型砂岩油田,大庆油田改变了中国原有落后的石油工业面貌,大大促进了中国的工业发展,对中国现代化生产和经济发展产生了深远的影响。2009年,中国石油大庆油田获得"新中国成立60周年百项经典暨精品工程"的荣誉称号。

二、工程的结构布局

位于松辽盆地的大庆油田属于世界级的特大砂岩油田,是目前中国最大的油田。

(一)油田性质

大庆油田可供进行石油勘探的范围包括由14个盆地所组成的东北探区和西北探区,拥有探矿权益23万平方千米。大庆油田的面积总计约6 000平方千米,目前已经勘探出萨尔图、杏树岗、喇嘛甸、朝阳沟等48个不同规模的油气田。

大庆油田所处的油层为深度达到900米至1 200米的中生代陆相白垩纪砂岩,属于中等渗透率。油田开采出来的原油属于石蜡基,原油比重为0.83~0.86。因而,大庆油田的原油的含蜡量、凝固点、黏度均较高,并且具有含硫低的优点。

(二)大庆油田有限责任公司

经过近半个世纪的发展,原先的大庆油田在新世纪的时代浪潮中,已经发展成为大庆油田有限责任公司。

1999年,大庆油田开始进行重组改制。2000年1月1日,大庆油田有限责任公司正式注册成立。如今的大庆油田有限责任公司隶属于中国石油天然气股份有限公司,是一家国有资产控股的特大型企业。目前,大庆油田有限公司以石油天然气勘探开发为主营业务,主要开展钻井、油气勘探开发、科研设计、精细化工、机械制造、基建、矿区服务等多种业务门类,年均油气当量仍然保持在5 000万吨以上。

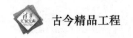

三、工程的创建历程

(一)发现过程

新中国刚刚成立之时,仅仅有零星的几个小型油田,中国的石油储备尴尬地处于贫油警戒线上,无法保证国家的生产建设和人民的日常需求。为了彻底摆脱"中国贫油"的定论,摘下中国石油"贫油"的帽子,进行有关地质勘探工作,查明中国地质石油储藏情况,就显得十分必要而紧迫。

地质学家李四光、黄汲清曾一同提出过"陆相地层生油"理论,为大庆油田的发现工作提供了一定的理论基础。中央建立了石油部地质勘探司,一大批地质、石油等专业工作者随即展开了普查、区域调查和地质勘探工作。1957 年,以邱中健为队长的 116 队集体编写的《松辽平原及周围地区地质资料研究阶段总结报告》中明确指出,地质条件优越、储油条件良好的松辽盆地是第一石油勘探目的层。并确立了 1958 年地质工作的中心任务,即了解当地的地质构造条件及含油气情况,以及进行勘探与钻井工作。

1958 年 3 月,石油地质专业技术人员在吉林省郭尔罗斯前旗的达里巴进行钻井工作。并于当年的 4 月 18 日,完成了深度为 520.2 米的全部钻井工作,成功发现了油浸及含油砂层,证明了松辽盆地地下蕴含着石油。这座石油井也成为松辽盆地第一口含油显示井。

之后,松辽石油勘探大队随即成立,并划分为 5 个地质详查队,分别在松辽平原进行大范围储油构造搜寻工作。在后来一年多的时间内,石油地质专业技术人员开展了大量的地质勘探工作,也进行一定的钻井工作。通过多次尝试,虽然经历了不少困难和挫折,却在实践中积累了大量的经验。

1959 年,技术人员计划在黑龙江省大庆市大同镇钻取松基 3 井,并确定了具体的井位。1959 年 9 月 26 日,松基 3 井第一次喷出了工业油流。从此,中国石油从过去依靠进口转变为自给自足的新局面,开创了中国石油工业的新纪元。

(二)发展阶段

1. 会战阶段

1958 年至 1962 年,是大庆油田的会战阶段。

1959 年 9 月 26 日,松基 3 井第一次成功开采出工业油流,正式标志着大庆油田的诞生。在当时极其困难的艰苦条件下,以"铁人"王进喜为代表的老一辈大庆石油工人,自力更生、艰苦创业。历时三年时间,解决了油田开发过程中遇到的重重困难,成功"拿下"大庆油田。

2. 快速上产

1963 年至 1975 年,是油田快速上产时期,从此大庆油田进入了全面建设的新阶段。

1963 年底,大庆油田结束先前的试验性开发阶段,并基本完成了萨尔图、杏树岗和喇嘛甸三大主力油田的开发工作。在快速上产阶段,大庆油田平均每年增产 300 万吨,同时对新油田进行了一定的勘探准备工作。

3. 高产稳产

从 1976 年至 2002 年,大庆油田全面进入高产稳产的历史发展新阶段。

大庆油田的石油工人们,牢牢抓住这一发展机遇,稳扎稳打、大干特干。1976 年,大庆油田原油年产量首次突破 5 000 万吨大关,进入世界特大型油田的行列,并创造了将 5 000 万吨以上的年产量保持 27 年的石油奇迹,为中国的改革开放注入了强劲的血液。

4. 可持续发展

从 2002 年开始,大庆油田进入了可持续发展的新时期。

在发展的新时期,大庆油田取得了丰硕的成果。例如,发现了我国东部陆上最大的天然气田,建立了世界上最大的三次采油生产基地,生产出的石油装备制造产品与油田化工主导产品保持着较高的市场占有率,创建了"大庆建设"品牌。此外,还积极参与了国家级重点工程建设项目,并与国内开展了大量的合作项目。

进入 21 世纪以来,大庆油田以科学发展观为指导,确立了维护国家石油供给安全、谋求企业可持续发展、承担国有企业三大责任。石油工人们秉持一贯的"大庆精神",继续努力为国家做出高水平的贡献,积极克服油田工作中出现的问题。通过创建百年油田发展战略,制定了在大庆油田开发建设 100 周年之际,继续保持中国的重要油气生产基地地位,打造国际一流的工程技术服务和石油装备制造基地等一系列宏伟目标。

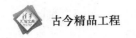
四、工程的先进技术

大庆油田在近半个多世纪的发展过程中,逐渐形成了自主的油田勘探与钻井技术、油田气体钻井技术、三次采油技术、注水技术以及大修技术等多种主要技术。

作为一种不可再生资源,大庆人努力探寻提高油田的采收率,聚合物驱油技术被广泛应用于实际工作中。而首次提出的泡沫复合驱油技术,将作为一种更大幅度提高原油采收率的方法,在世界石油领域产生革命性的影响。在大庆油田开采的后期,油田进入高含水阶段。面对严重失调的储采结构以及成本与效益的双重矛盾,大庆人发明的高含水长期稳产注水开采技术,又再次成功地将大庆油田地质储量由原来的 26 亿吨提高到 48 亿吨。该技术也荣获"国家科技进步"特等奖。

在历史发展的新阶段,大庆油田坚持科技自主创新、持续创新,建立了科技兴企战略,在技术领域取得了一系列的丰硕成果,形成了企业核心竞争力。例如,在石油工程技术服务领域,形成了调整井钻井完井、薄差层水淹层测井、三维地震、水驱控递减技术等九大技术系列。

五、工程的企业文化

(一)"铁人"王进喜

20 世纪 60 年代,正值大庆油田开发建设的重要时期。在极其艰苦的工作条件下,以王进喜为代表的老一辈石油工作者,自力更生、艰苦奋斗,创造了石油建设工作中的一个又一个神话。

王进喜同志在钻井二大队工作的过程中,多次与恶劣的自然环境作斗争,取得了大庆石油会战阶段的胜利。他所说的"有条件要上,没有条件创造条件也要上!"继续激励着石油工人们在工作岗位上努力奋斗。王进喜同志身上表现出的大无畏精神,逐渐凝聚成为一种"铁人精神"。

在以王进喜为代表的老一辈石油工作者的影响下,整个大庆油田上上下下,齐心协力,共同形成了"爱国、敬业、求实、奉献"的"大庆精神"。

(二)新发展

进入 21 世纪以后,大庆油田开始了新的历史发展阶段。

大庆油田树立了"奉献能源,创造和谐"的企业宗旨,坚持着"关爱生命,关注健康,关心公众"的理念,努力打造绿色油田,认真履行企业的社会责任,大力促进国家经济发展。

"与国家的大发展同步,与国家的大目标一致",这就是在进入 21 世纪以后,"铁人精神"的全新内涵。

第三节　上海宝钢工程

一、工程的基本介绍

上海宝钢工程,位于中国上海市宝山区,是中国最大的钢铁公司。

上海宝钢工程是中国改革开放的产物。在 1978 年 12 月 23 日,也就是十一届三中全会闭幕的第二天,中国上海宝山区长江之畔打下的第一根桩正式宣告上海宝钢工程的建设拉开了序幕。

经过三十多年的发展,原先的宝钢工程已经发展成为宝钢集团有限公司,简称为"宝钢"。宝钢集团公司拥有多家子公司,并以上海作为总部所在地。宝钢以钢铁作为支柱产业,生产技术含量高、附加值高的钢铁产品。凭借着多方面的竞争优势,成为中国规模最大、现代化程度最高、竞争力最强的钢铁联合企业,在世界钢铁领域也具有不凡的实力。

《世界钢铁业指南》认定宝钢集团有限公司在世界钢铁行业的综合竞争力位列前三。2009 年,上海宝钢工程获得"新中国成立 60 周年百项经典暨精品工程"的荣誉称号。

二、工程的历史背景

(一)决策环境

在 20 世纪 70 年代末,中国大力推进经济建设。在国家的大力支持下,上海市的钢铁工业已经初具规模,具有品种多、质量优的特点。然而由于该区域缺乏生

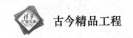

铁,上海市的钢铁工业依旧不能够发挥其全部作用。考虑到当时中国国内不具备先进的钢铁生产技术,因此通过引进国外成套设备技术,在上海地区建立大型的钢铁企业,可以达到大力发展中国重工业的社会目的。

上海宝钢工程的建设,主要借鉴了日本钢铁工业的先进思想理念以及技术设备。在宝钢建设的前期准备工作中,中国曾多次访日,进行相关的实地考察工作。

1977 年 11 月下旬,在《关于引进新技术和装备,加速发展钢铁工业的报告》中强烈建议"抢建上海炼铁厂"。通过对上海地区的实地调研,相关部门仔细分析了宝钢工程的有关问题,最并终确定了宝钢工程的建设方案。其方案的主要内容是,"建设两座 4 000 立方米的高炉、3 台 300 吨的转炉,年产生铁 650 万吨、钢 671 万吨、钢坯 604 万吨,其中供应上海各个钢铁厂的钢坯 232 万吨,热轧钢板 320 万吨、无缝钢管 48 万吨。"

(二)优势条件

在工程的选址方面,工程技术人员曾在多地进行了大量的实地考察工作。将大型钢铁工程建造在上海,是因为上海具有其他地方所不具备的独特优势条件。

1. 良好的市场条件

上海地处经济较为发达的东部沿海地区,与周边的江浙一带有着密切的联系。该地区具有机电、船舶、汽车等工业,拥有与钢铁产业相关的配套工业技术装备以及充足的市场需求,可以实现工业材料等方便快捷有效地供应,有助于减少不必要的损耗,为钢铁工业的发展带来了机遇。

2. 便利的运输条件

上海宝钢工程的建设定位是中国大型钢铁企业,年产量多达百万吨。因此,在企业正式运营期间,需要提供大量的原材料来满足生产的需求。建造在宝山区长江口岸的上海宝钢工程,凭借着独具的地理优势,依靠内外水运,可以十分方便地运输原材料。

3. 完善的配套设施

上海宝钢工程的建造并非完全依靠中国的自主技术,而是借鉴国外先进的钢铁生产理念。因此,是否具备完善的社会配套设施,决定了引进的先进技术能否快速地在中国国内企业中得到应用,并继续发展壮大。

　　作为当时中国最大的工业基地,上海市具备相关的知识技术、人才、管理理念等多方面的基础配套设施,以应对建设过程中可能出现的种种问题。

三、工程的创建过程

　　上海宝钢工程的创建过程就是一场先进技术的引进过程。作为中国最大的从国外引进的项目,宝钢的设计与建设过程充满了曲折,也倾注了大批钢铁工作者的心血。投资规模巨大的上海宝钢工程具有先进的工艺技术、优良的产品质量、繁多的企业产品,极大促进了中国钢铁工业以及中国经济的快速发展,甚至对整个现代工业都产生了深远的影响。

(一)一期工程

　　1978 年到 1985 年,为上海宝钢一期工程的建设阶段。

　　作为中国从国外引进的最大工业项目,上海宝钢工程拥有 22 个成套引进项目。一期工程拥有一级项目 30 个,二级项目 234 个。建设规模为年产生铁 300 万吨、钢 312 万吨。产品方案为年产无缝钢管 50 万吨、商品钢坯 214 万吨。

　　上海宝钢一期工程正式投入生产以后,设备运转正常,产量稳步增长,达到了年产 300 万吨的预期目标,并节约投资资产 2.3 亿元。如此迅速、成功的工程建设,创造了中国工业发展的奇迹。

　　因此,上海宝钢一期工程的施工新技术荣获"国家科技进步"特等奖,基建工程质量荣获国家金质奖。

(二)二期工程

　　1986 年到 1992 年,为上海宝钢二期工程的建设阶段。

　　早在 1983 年 3 月,上海宝钢工程二期工程就已经获得批准。实际上,宝钢的一期、二期工程是一个建设整体,二期工程设计生产板材,是一期工程的后续工程。上海宝钢两期工程规划年产铁 650 万吨,钢(水)671 万吨,商品钢坯 122 万吨,钢材 422 万吨。安装的主要生产设备有高炉、大型转炉、大容积焦炉、烧结机、初轧机、无缝钢管轧机、双流板坯连铸机、冷热连轧机组以及火力发电机组。相关配套设备主要有原料码头、化工设备、能源中心、水源工程以及绿化工程。

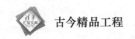

上海宝钢二期工程全面实现了"超一期,创一流"的建设目标。在二期工程建设过程中,自主创新取得的二号高炉技术成果,荣获 1992 年的"全国十大科技成就";冷轧、热轧、连铸工程均获得国家质量奖金质奖。上海宝钢二期工程建成投产以后,仅花了约四年的时间,就收回了之前的建设成本。

(三)三期工程

1993 年到 2000 年,为上海宝钢三期工程的建设阶段。

上海宝钢三期工程的建设规模为年产铁 325 万吨,钢(水)429 万吨,钢材291.4 万吨,商品钢坯 96 万吨。相比较一期、二期工程,三期工程投入了更多精良的设备,并在先前的工程基础上进行一定的改建和扩建工作。在上海宝钢三期工程的建设过程中,一部分投资来自于宝钢现有固定资产的资产重估。

相比较上海宝钢一期、二期工程,三期工程的设计建设工作全部由中国自主完成。并且缩短了施工工期,节约了投资资本。在三期工程的建设过程中,取得了一大批新工艺技术以及生产设备。其中,三期工程中的三号高炉、1 580 毫米热轧和炼焦项目均获得中国国家建筑工程鲁班奖。

经过三个阶段的建设,上海宝钢已经成为世界千万吨级特大型的现代化钢铁企业。

(四)联合重组

在上海宝钢三期工程进行的过程中,宝钢于 1998 年与上海地区其他两家钢铁企业进行了联合重组,成为一家大型的钢铁联合企业。

在继续推进上海宝钢三期工程的同时,也开始了对原有企业的改造。主要是淘汰落后的生产能力,新建或改造一大批工程项目。同时,针对建设钢铁精品基地和钢铁工业研究开发基地的要求,制定了统一的发展规划。

四、工程的经营现状

经过三十多年的发展,宝钢集团有限公司已经成为中国规模最大、品种规格最齐全、高技术含量和高附加值产品份额比重最大的钢铁企业。并且,除钢铁工业以外,在资源开发、生产服务、技术服务、煤化工业、金融业、产业平台等多元产业领域中均有不凡的表现。

目前,宝钢集团拥有以大型化、连续化、自动化为特点的钢铁冶炼、冷热加工、液压传感、电子控制、计算机和信息通信等先进技术。宝钢以钢铁生产为主营业务,年产钢能力为具有世界领先水平的3 000万吨,形成了普碳钢、不锈钢、特钢三大产品系列。同时,宝钢集团有限公司拥有国际先进的质量管理体系,产品质量获得了国际权威机构的认可。凭借着创新、技术、管理等多个方面的优势,宝钢集团在国际钢铁领域拥有世界级钢铁联合企业的地位。

除此以外,宝钢集团有限公司致力于绿色宝钢的建设,并成为中国冶金系统第一家通过ISO环境认证的企业以及第一个国家级工业旅游景区。与此同时,宝钢集团主动承担自己的社会责任,设立了多个奖项,建立了多所希望小学,一心致力于社会慈善公益事业。

2006年12月14日,标准普尔宣布将宝钢集团和宝钢股份长期信用等级从"BBB+"提升至"A-"。这是目前中国制造业中的最高等级,也是世界钢铁企业中的最高长期信用等级。

第十一章
环境类精品工程

第一节　荷兰北海保护工程

一、工程的基本介绍

由于荷兰三分之一的面积低于海平面,荷兰本国经常遭受到来自海洋的侵犯。为此,通过建造荷兰北海保护工程,设立一系列防洪屏障,从而有效达到抵御海水侵袭的目的。

北海是荷兰风暴频发的主要地方,于1932年开始动工的荷兰北海保护工程,即是在北海建造一条长约30千米的防洪堤。此外,在防洪堤的后面建造淡水湖,该湖没有潮汐带来的洪灾危险。

不得不说,荷兰的历史就是一部与水抗争的历史。荷兰北海保护工程作为全球最大的海洋防卫系统,就是荷兰人民与海水抗争的历史见证。因此,荷兰北海保护工程被美国土木工程师学会列为世界七大工程奇迹之一。

二、工程的建造原因

荷兰王国,又名尼德兰,即"低洼之国"之意。荷兰的国土面积近四万多平方千米,其中27%的土地位于海平面之下。

北海位于荷兰的西侧和北侧,是风暴频发的主要地方。从13世纪开始,因遭受北海的侵袭,荷兰的国土面积缩小了56万公顷。虽然,荷兰人民与海水抗争了几百年,却仍然不能避免土地继续下沉、海平面逐渐上升的局面。因此,建造荷兰北海保护工程迫在眉睫。

三、工程的结构布局

(一)早期工程

虽然近三分之一的国土面积位于海平面之下的荷兰,无时无刻不得不面临遭受海水入侵的威胁,但荷兰却是世界第三大农产品出口国,拥有世界上最大的港口——鹿特丹。

荷兰的富有得益于早期一系列的北海保护工程。通过风车和水泵可以将内陆中多余的水分排干。同时,通过建造防洪堤土墙,可以有效地拦截海水。

(二)现代工程

在现代,为了进一步应对来自海洋的威胁,荷兰北海保护工程开始实施。一系列的防洪屏障遍及全国,是世界上最大的防潮堤坝,堪称是目前世界上最为先进、复杂、有效的海洋防护设施。这些海洋防护设施主要包括防洪堤、水闸、巨型闸门、可移动屏障等。

1. 防洪堤

1953年1月,强劲的海潮再次入侵,荷兰遭受了历史上的又一次重创。因此,作为世界上最负盛名的荷兰北海保护工程被提上议程。具体来说,即在荷兰北海建造一道30千米长的防洪堤,并在防洪堤的后面建造一个淡水湖。

凭借人力建造的拦海大坝,有效拦截了肆虐的海水。在防洪堤建成之后的36年时间里,通过进行面积高达1 600平方千米的填海造田运动,使得荷兰逐渐远离来自海洋的灾害。

2. 移动闸门

在荷兰北海保护工程进行之后的第14年,出现了一个严峻的问题,即工程所

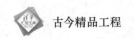
在水域内的生物大量灭绝,致使海洋渔业也深陷经济危机。因此,之前的工程计划被迫放弃,一种独特的工程方案逐渐被采纳,即设计以一种可以活动的闸门。具体来说,在一般情况下闸门呈开放的状态,自由进出的海水与内陆河湖连为一体;在风暴来袭时,闸门在智能控制下可以迅速放下。为了有效保护内陆免受海洋的侵袭,在混凝土支持坝墩上一共安装了62个长300米、高22米的可移动钢板闸门。

在整个北海保护工程中,最为关键的可移动闸门位于荷兰的鹿特丹。鹿特丹是荷兰最为重要的港口,安装可移动的闸门不仅可以使得海水自由进出,更重要的是保持了水道的畅通。因此,两个巨型移动闸门的建造既可以抵御海水的侵袭,也可以使得船舶自由航行。同时,巨型移动闸门具有颇为独特的外观结构,成为荷兰新的标志性建筑。

四、工程的建造历程

(一)防洪堤

1. 材料选取

建造防洪堤的基本材料主要包括黏土、沙子、石料等。其中,位于荷兰海底的冰砾泥因数量众多,成为防洪堤建设的首选建筑材料。此外,因资源有限,石料主要依靠从比利时和德国进口。

2. 建造过程

为了确保防洪堤可以有效抵御高速洪流和海底流砂,研究人员通过巨型防摇水柜对防洪堤进行了相关的测试研究。

建造防洪堤的首要工作是进行海水的截流。截流工作需要将大量的冰砾泥倒入海中,并用沙子将沟壑填平。为了使得防洪堤拥有坚实牢固的地基,工人们利用驳船将装有砂砾的巨型塑料垫铺成了200米宽、36厘米厚的分层地毯。在完成防洪堤的建造之后,需要使用人力采用柳木进行进一步的加固工作。为了确保工期,即使出现海潮,建造过程也继续进行。

（二）移动闸门

1. 地基

可移动的闸门体型巨大。为了确保地基的牢固程度,研究人员首先利用实验水箱进行一系列的测试工作。开挖地基的深度达到了两层楼的高度,并用沙砾、岩石建造了一个可渗透的平面地基层,以达到有效减少水流冲击的目的。

2. 坝墩

荷兰北海保护工程的 62 个大型活动钢板闸门支撑于 30 个坝墩之上。每个坝墩为中空的混凝土结构,具有良好的支撑力和浮力。坝墩的安装工作主要依靠一种特殊的 U 形运输船。确定坝墩的具体位置之后,沉到海底的中空坝墩随之被填满沙子,并由 500 万吨的岩石牢牢固定。

3. 闸门

闸门所在的壁架由 64 个 694 吨重的混凝土砌合而成,闸门铰链地基主要由 100 多吨混凝土建造而成。每个闸门都是依靠所在海域的特点而定制的。其中,直径 10 米的球窝接头拥有精准的锻造程度。桁架由 9 厘米的钢管制成,并在工地被依次组装。

第二节　三北防护林工程

一、工程的基本介绍

为遏制风沙、减少自然灾害,中国政府于 1978 年在西北、华北、东北三地遭受风沙侵袭和水土流失的地区,建设大型人工林业生态工程,以达到进一步改善生态环境的目的。

三北防护林又被称为修造绿色万里长城活动。这项在中国三北地区建设的大型环境类工程项目,东起黑龙江省的宾县,西至新疆维吾尔自治区乌孜别里山口。

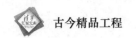

工程于1978年11月动工,规划年限73年,先后共分三个阶段、八期工程进行,目前已经开始第五期工程的建设活动。因此,无论是涉及的地理范围,还是工程的建设期限,三北防护林工程的规模堪称中国乃至世界环境保护的壮举。

三北防护林工程是国家生态环境工程重点建设项目,也是中国国家经济建设的重要项目,开启了中国林业生态工程建设的新纪元。同时,三北防护林工程与美国的"罗斯福大草原工程"、苏联的"斯大林改造大自然计划"、北非五国的"绿色坝建设"并称为世界四大生物工程项目,并位居四大工程项目的首位。

二、工程的地理历史

三北防护林所处的西北、华北北部、东北西部地区原是植被茂盛的富庶之地。由于历史变迁过程中,种种自然变化和人为作用使得这里的生态环境遭到了很大程度的破坏,主要表现为风沙侵袭、土地沙漠化、水土流失等。

在三北防护林建设之前,中国三北区域分布着八大沙漠、四大沙地,其沙漠化土地和戈壁地区的面积总计达到了149万平方千米。在这条东起黑龙江、西至新疆的万里风沙带中,尤以黄土高原的环境破坏最为严重。黄土高原水土流失面积占该地区总面积的90%;黄河下游部分河段的河床高于外地面而成为极具危险的"悬河"。

大面积的沙漠化土地和戈壁地区及其所导致的风沙、干旱和水土流失等生态环境问题对三北地区的社会发展产生了严重的影响,使其经济发展严重滞后于国家平均水平。因此,大力建设三北防护林工程项目,改善当地的生态环境迫在眉睫。

三、工程的项目规划

(一)整体布局

三北防护林的总体规划建设时间,从1978年开始到2050年结束,计划历时73年完成。工程建设共分为三个阶段、八期工程进行,先后总计造林5.34亿亩。具体范围包括新疆、青海、宁夏、内蒙古、甘肃中北部、陕西、晋北坝上地区和东北三省的西部等13个省、市、自治区,涉及人口4 400万。此外,工程东西长4 480千米,南北宽 560~1 460 千米,总面积 406.9 万平方千米,占国土面积的 42.4%。

在建设过程中,牢牢把握保护现有环境这一基础,通过人工造林、封山封沙育林以及飞机播种造林等不同方案措施,最终达到建设一个结构协调、功能全面、系统多元的大型防护林体系。具体来说,通过采取乔、灌、草相结合,多树种、多林种相结合,带、片、网相结合,有效解决了三北地区的土地沙漠化和水土流失问题,使当地的森林覆盖率由 5.05% 提高到 14.95%,并最终提高当地社会生产和人民生活的水平。

(二)重点难点

针对三北地区中的沙区、山区、平原等不同地貌形态特点,因地制宜、区别对待,在各个地区形成不同的建设重点。例如,沙区的建设重点是控制土地沙漠化,建设乔灌草复合防护林体系;山区的建设重点是保持水土,建设生态经济型防护林体系;平原的建设重点是提高生产能力,建设高效农业防护林体系。

此外,需要特别注意三北防护林建设过程中的难点问题。例如,综合运用风沙源和江河源的治理方案,重点解决科尔沁沙地、毛乌素沙地、呼伦贝尔沙地、新疆绿洲外围和河西走廊等地的风沙治理问题;以及重点关注黄河流域、辽河流域、松花江流域、嫩江流域、石羊河流域和塔里木河流域的水土流失问题。

四、工程的发展历程

(一)思路调整

迄今为止,坚持生态建设的主导目标,三北防护林工程已经建设了三十多年,先后完成了四期工程的建设项目,目前已经正式启动了第五期工程的建设。在前期的建设过程中,伴随着国内外社会发展的不断变化,不同三北防护林工程建设阶段的建设思路也作出了相应的调整。

工程的一期项目的建设目标是提高农牧业产量、改善社会生产以及人民生活条件。因此,一期工程的主要任务是在广大平原地区建设农田防护林。工程的二期建设阶段正值中国经济体制改革发展的重要时期,该阶段的工程建设目标是改变过去单一生态型防护林建设模式,将经济发展与生态保护相结合,通过充分调动人民群众参与工程建设的积极性,牢牢坚持生态经济型防护林体系的指导思想,使农林牧、土水林、带片网、乔灌草、多林种、多树种、林工商七结合,最终达到环境效益、经济效益和社会效益的共赢。工程的三期项目的指导方针是先易后难、先急后缓、由近及远、突出重点。具体来说,在中国三北地区中,自然条件较好并且生产迫切需要发展的地方进行重点建设,最终建设若干个区域性防护林体系。工程的四期项目为了积极响应中国共产党建设社会主义新农村的号召,以"防沙治沙"为建设目标,以"建设一个亮点、统筹三大区域"为建设思路,提出了一系列高标准的建设措施,主要包括新农村建设试点、农防林更新改造,以及重点农区沙区和水土流失区的建设等。

(二)国际合作

作为一项规模浩大、历时较长的环境工程,三北防护林从建设之初就受到了国际的广泛关注。进入 21 世纪之后,随着"改善生态、保护环境"日益成为当今世界的热点问题,三北防护林工程就更加成为世人关注的焦点。

目前,有来自美国、日本、德国等近三十个国家以及联合国粮农组织、全球环境基金、开发计划署、世界银行等十多个国际组织和社会团体共同参与到三北防护林的建设中,涉及领域包括荒漠化防治、湿地恢复与重建、水土流失治理、林木育种与改良、机械化造林、森林病虫害防治、林业产业开发、科技推广体系建设、森林资源监测管理和信息系统建设等多个方面。此外,来自五十多个国家、地区和国际组织、社会团体的领导人和技术人员先后到三北防护林工程进行参观、考察、交流和学习。

五、工程的建设成就

截至目前,三北防护林工程已经完成了四期工程的建设项目,完成了预期的建设目标,大大提高了三北地区的森林覆盖率。目前,中国三北地区的生态环境得到了有效的改善和保护,社会生产和人民生活水平有了较大的改善和提高,成功实现了生态、经济、社会三者的共赢。

(一)风沙侵袭得到遏制

在中国三北地区,曾经风沙严重的问题得到了有效的控制,地区沙化土地数量以及土地沙化程度、土地沙化速度显著下降。从最东端的黑龙江到最西端的新疆地区,共计建设防风固沙林 561 万公顷,治理了 27.8 万平方千米的沙化土地,改善了 1 000 多万公顷沙化、盐碱化严重地区。

在 2004 年,陕西、甘肃、宁夏、山西、河北、内蒙古 6 省和自治区率先取得由"沙逼人退"向"人逼沙退"转变的历史性时刻。三北地区重点治理的科尔沁沙地、毛乌素沙地区域的森林覆盖率分别达到 20.4% 和 29.1%,成功取得了土地沙漠化的大逆转,并开始了"综合治理、综合开发"的新进程。京津周围地区绿化工程是为了解决中国首都北京风沙问题的一项重点工程项目。目前,河北省高达 20% 以上的森林覆盖率使得这一问题得到了有效的缓解。

(二)水土流失得到控制

目前,中国三北地区的水土流失问题已经得到了有效的控制,水土流失面积以及水土流失程度显著减少。

在治理水土流失较为严重的黄土高原过程中,工程将"山水田林路"进行统一的协调性规划布局,将生物措施与工程措施进行合理化的有机结合,依据不同山系、不同水域区别对待,建设了一批以水土保持林为主的区域性防护林体系。已经建设水保林和水源涵养林 723 万公顷,治理水土流失面积 40 余万平方千米,使得近一半的水土流失区域得到了有效的治理和改善。

(三)农区防护林得到建设

一直以来,广大农区的防护林建设始终是三北防护林工程建设的重点,肩负着提高社会生产和人民生活水平的重任。目前,共建设农区防护林 3 600 多万亩,近 65% 的农田实现了林网化,使得中国三北地区的粮食产量和农田林网化面积显著增加,当地的生产水平以及农业科技水平得到了长足的发展。

(四)特色产业得到扶植

三北防护林在建设的过程中,将生态环境的治理和改善与经济效益、社会效益的提高紧密地联系起来,形成了一大批特色产业,极大发展了地方经济,提高了人民的生活水平。

目前,通过建设农防林和用材林,三北地区的森林资源显著增长,活立木蓄积高达 4 亿立方米,木材产量以及林产品种类得到增加。除一部分自给自足外,当地的木材加工业已经达到年产 2 000 万立方米的生产水平。同时,400 余万公顷的经

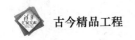

济林,使得苹果、香梨、红枣、枸杞、板栗等大批具有竞争优势的特色产业带相继形成。此外,建设的牧防林以及灌木林,在保护草场的同时,也为畜牧业带来了大量的饲料资源。

一系列相继兴起的特色产业在带动当地经济快速发展的同时,也为人民群众提供了大量的就业机会。与此同时,当地政府大力推进与三北防护林相结合的绿色观光旅游产业,为当地发展注入了新的商机。

(五)生态理论得到发展

作为中国第一个大型生态工程,在继承传统生态建设理论的同时,一些原有的理论得到了新的发展,一些具有创新性的生态建设理论得到了有效的运用。

三十多年以来,通过在建设思路、组织形式、工程管理、治理模式等多个方面的研究与发展,建设者们首次提出了建立一个高生产力的、自然与人工相结合的、以木本植物为主体,多林种、多树种、带片网、乔灌草、造封管、多效益相结合的防护林体系的思想理论;首次提出了把森林的生态功能和经济功能有机结合,建设生态型防护林体系的思想理论;首次提出了把生态建设以国家重点工程的形式组织起来,以生态工程建设带动林业全面发展的思想理论。

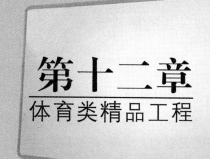

第十二章
体育类精品工程

第一节　国家体育场

一、工程的基本介绍

国家体育场坐落于中国首都北京市奥林匹克公园中心区的南部，尤以"鸟巢"作为其主体代表性建筑。

作为 2008 年第 29 届奥林匹克运动会的主体育场，国家体育中心由世界著名建筑设计师雅克·赫尔佐格、德梅隆、艾未未以及中国建筑师李兴刚等共同合作设计完成。主体建筑"鸟巢"为巨型空间马鞍形钢桁架编织式结构，建筑外形犹如"巢"，象征着孕育美好希望的摇篮。工程于 2003 年 12 月 24 日正式破土动工，于 2008 年 3 月竣工。国家体育场总占地面积为 21 公顷，其中建筑面积 258 000 平方米，可以容纳近十万名观众观看。

国家体育场不仅是特级体育建筑，也是国家级具有历史意义的标志性建筑，更是具有特殊意义的北京奥运象征，而且在世界建筑史上也将具有开创性意义。

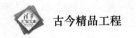

二、工程的结构布局

（一）体育场外部

体育场的外形呈空间马鞍椭圆形，南北长 333 米，东西宽 298 米，高 68 米。

从体育场的外部看去，可以清楚地看见其内部的结构，即"外观即为结构"。结构中各个元素相互作用，相互融合，共同汇聚成一个网络状的结构造型，给人一种统一和谐的自然美感。

"鸟巢"外部微微隆起的地形逐渐变得平缓，自然形成了 2 000 个露天座位，很好地与自然环境有机地融为一体。此外，体育场的外部分布着整齐划一的网格状石板步道，供行人散步使用或进入"鸟巢"内部。在步道之间，是提供各种服务设施的场所，如供休闲娱乐的花园广场等。

（二）体育场内部

1. 屋顶

国家体育场的网络状结构布局除了具有原生态的自然美感之外，还兼有通风的作用，并且为场内的运动员和观众带来自然通透的舒适享受。然而，这种整体开放的结构同样需要充分考虑屋顶防水问题。

为了解决这一问题，在体育场的屋顶钢结构上附着了双层的膜结构。具体来说，在屋顶钢结构的上层铺设有高分子薄膜，在屋顶钢结构下层安装有声学吊顶。

2. 看台

国家体育场的看台为混凝土结构，与外围的钢结构彼此分离。整个看台为钢筋混凝土框架—剪力墙结构体系，共分为上、中、下三层。

看台提供座位 91 000 个，其中临时座位 11 000 个。看台的整体设计采用的是流体力学原理，可以使得所有观众在观看比赛的同时享受自然光和自然通风。所有的看台共同组成一个大型均匀的碗状结构，使得每位观众和赛场中心点间的视线距离保持在 140 米左右，因而处于任何方位的观众都可以清楚地观看体育比赛情况，将不同坐席之间的相互干扰降至最小。此外，通过采用吸声膜材料以及电声扩音系统，使得每位观众都可以清晰地收听场内语音。

3. 火炬塔

北京奥运会的火炬塔位于"鸟巢"的东北角上方,高 32 米、重 45 吨。火炬塔整体呈画卷状,上方绘有祥云图案,下方为通体红色。

火炬塔的内部结构主要由异型钢管组成,并且每个管杆的尺寸都不尽相同。在多达 2 000 多根的管杆中,最粗的口径为 399 毫米,最细的口径仅为 70 毫米。火炬塔的外部结构为不锈钢板,共由 1 026 块厚度为 1 毫米钢板拼接而成。同时,钢板上设有小孔,可以有效减少来自外界风的阻力。

三、工程的材料选用

(一)钢材料

国家体育场为钢结构建筑,使用了大量钢材,其采用的钢材主要是 Q460 型号,这也是在中国国内建筑中首次使用该规格的钢材。Q460 钢材是一种低合金高强度钢,发生塑性变形的受力强度高达 460 兆帕。按照国家标准,Q460 钢材的生产标准为 100 毫米,低于国家体育馆 110 毫米的设计建造标准。为此科研人员开始了长达半年的研发工作,历经三次试制,终于将具有知识产权的国产 Q460 钢材进行批量化的大规模生产。

近 400 吨的 Q460 钢材构成了由 24 根桁架柱支撑的"鸟巢"门式钢架结构。同时,建筑主体钢结构采用的是由钢板焊接而成的箱形构件。

(二)膜材料

国家体育场顶部钢结构的上表面铺设有一层薄膜,该薄膜为 ETFE 膜,化学成分为乙烯——四氟乙烯共聚物。ETFE 膜是最强韧的氟塑料,具有良好的耐热、耐化学性能和电绝缘性能。同时,在耐辐射、机械性以及拉伸强度方面也有不俗的表现。

在顶部钢结构中运用这种膜材料后,可以有效解决体育场防水问题。此外,使得体育场内部光线通过漫反射进入,场内光线更加柔和。

四、工程的施工过程

国家体育场无论是对工程的外观质量,如外形尺寸等,还是对工程的内在质

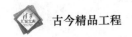

量,如焊缝质量等级等,都有着极其严格的要求。国家体育场的主体结构为"鸟巢"建筑,其设计使用年限为 100 年,耐火等级一级,抗震设防裂度 8 度,地下工程防水等级一级。

(一)施工方案

1. 焊接方法

工程中的焊接种类包括薄板焊接、厚板焊接,平焊、立焊、仰焊以及高强钢和铸钢件的焊接。焊接工作量较大、周期较长,因而对温度控制和劳动强度有着很高的要求。

此外,在高空焊接和冬雨季焊接时需要着重加强防风雨防低温的措施。

2. 吊装方法

工程构件采用的吊装方法主要是散装法,即分段吊装。

在高空作业时需要克服风力作用,提高构件的稳定程度。一般而言,通过运用合理的吊装顺序,将构件首尾相连;或者通过使用缆风绳、拉锚等工具进行侧向稳定。

3. 组装、翻身方法

工程中对桁架柱采用卧拼法,对主桁架采用平拼法,可以有效降低组装难度。

此外,在吊装前后需要对构件进行翻身工作。为确保翻身工作的稳定性,需要合理选择吊耳和吊点的位置。对重量较重、体型较大的构件,需要合理调节角度。

4. 安装方法

在对构件进行安装的过程中,因自重和温度变化等外力作用,构件的尺寸、形状会发生一定的改变,因此施工过程对构件安装精度有着极高的要求。

在施工时需要采取相应的措施将安装误差降至合理的允许范围。如定期对构件的尺寸、外界的温度进行测量和监控,使安装工作在可控范围内完成。

5. 组织方法

整个工程的工程量很大,工期很紧。为了保证工程的顺利完工,一些作业活动需要交叉进行。通常,施工作业场地的面积有限,而土建施工与主结构的吊装工作、构件的组装工作会发生重叠。为了保证各个作业活动有序进行,避免出现窝工现象,工程施工管理人员需要对整个工程作出一个全面合理的统一规划,并对相关人员进行合理的统一协调等组织工作。

(二)防雷抗震

1. 防雷措施

纵观"鸟巢",其外观上并没有明显的避雷设备。其实,整个"鸟巢"的钢结构本身就是一个天然的"笼式避雷网"。

作为一种最传统的防雷方法,整个钢结构中的所有钢质构件以及钢筋混凝土中的全部钢筋等,均采用焊接的方法进行连接。因此,整个金属网络有效避免了雷击的困扰。此外,国家体育场内部的设备以及人可触碰的部位,均通过与"笼式避雷网"相连而作了等电位处理。

2. 抗震措施

为了达到抗震设防裂度 8 度的高要求,国家体育场采取了一系列相应措施。

"鸟巢"采用的钢材为 Q460 规格、厚度为 110 毫米,其强度是普通钢材的两倍,具有良好的抗震性。同时,所有构件节点均作了加厚处理,杆件的连接方式一律为焊接,以达到加强整体强度的目的。此外,通过对支撑主体结构的 24 根巨大钢柱的底端进行承台厚设计,可以将柱脚牢牢地固定下来。

五、工程的设计特点

2008 年第 29 届北京奥运会的三大主题分别是:绿色奥运、科技奥运、人文奥运。因此,在国家体育场的设计与建造过程中,充分体现了以上三大奥运主题。

(一)绿色设计

在国家体育场的设计和建设过程中,始终秉持着节俭办奥运和可持续发展的思想,采用了一系列的节能环保的设计理念和施工材料。

"鸟巢"完全开放式的外观结构可以更好地使用自然风和自然光,大大减少了因机械通风和人工光源所造成的不必要的能源浪费。场内外的光源均来自太阳能光伏发电系统,达到了清洁、环保、节能、高效的环保目的。"鸟巢"中央足球场下面的地源热泵系统井通过热换管,将冬季土壤中储存的热量或者夏季土壤中蕴含的冷量,在冬夏不同季节对场馆进行热量或冷量的供给。位于"鸟巢"顶部的雨水回收系统,可以将收集的雨水进行循环再利用。同时,为了提高空间利用率,在场馆设计上充分考虑到满足多种功能的需要。

此外,国家体育场的设计也充分考虑到了场馆未来发展的需求。国家体育场于 2008 年举行过奥运会、残奥会开闭幕式,之后也承接了一系列体育赛事,同时也是北京市市民进行体育活动的专业场所。除提供体育使用场所外,国家体育场也进行诸如文艺演出等商业活动,并提供相关旅游参观活动的场所。

众多的设计理念和方案措施使得国家体育场成为一座名副其实的"绿色建筑",并为今后建筑设计与施工树立了成功的绿色环保典范。

(二)科技设计

国家体育场在设计和施工过程中充分考虑并成功运用多种成熟的高新技术,在结构、建筑、环保、通信、智能化和景观环境等方面,使得国家体育场建设成为一个先进、方便、舒适、安全、可靠的科技型体育场馆。

通过提高科技创新能力,增强科技运用能力,使得国家体育场在建设和运用上展现出一流的科技水平。例如,在重点和关键领域首先采用已经较为成熟的高新技术,而后针对某些瓶颈问题,开展一系列的科研攻关项目。钢结构的外观设计、Q460 钢材的生产、火炬塔的生产和吊装等均是科技奥运的集中体现。

(三)人文设计

国家体育场从最初的设计到后期的建造施工中都充分体现了人文精神,弘扬了中华民族的优秀传统文化。

在场馆设计上,考虑了不同人士的多种需求,尤其是为残障人士提供适宜的人文关怀。如为满足残障人士的观看需要,看台设置了 200 多个轮椅坐席。这种比普通座位稍高的座位设计可以保证残障人士拥有和普通观众一样的观看视野。此外,看台的设计满足了观众的观看效果和观看安全的要求;整个设施同样充分考虑了运动员的比赛、休息的环境以及媒体工作者的工作要求。在场馆的装饰环境上采用国际通用的标识,体现世界性的文化内涵。

在场馆施工中,将"以人为本"作为其指导思想。例如,工业化的装配作业有效地降低了劳动强度;在饮食和住宿条件上为人员提供便捷舒适的环境。

第二节 国家游泳中心

一、工程的基本介绍

在中国首都北京奥林匹克公园内,与国家体育场一路之遥的地方,坐落着国家游泳中心。国家游泳中心是第 29 届北京奥运会的主游泳馆。

国家游泳中心因其独特的蓝色膜结构外形特征,又被称为"水立方"。于 2003 年破土动工,2007 年完成竣工验收。国家游泳中心整体上为空间钢架的薄膜结构,建筑面积 79 532 平方米,长宽高分别为 177 米、177 米和 30 米。可容纳近 6 000 人同时观看游泳等体育赛事。

国家游泳中心与国家体育场分别位于首都北京中轴线的两侧,二者不仅是北京奥运会的标志性建筑,也是北京历史文化的象征,更是北京市的新地标。

二、工程的设计理念

国家游泳中心最终的设计方案体现的是"水的立方"设计理念,是通过全球设计竞赛而产生的。该设计方案是由中国建筑工程总公司、澳大利亚 PTW 建筑师事务所、ARUP 澳大利亚有限公司共同设计完成的。

"水立方"的设计特点是中国传统文化和现代科技的完美结合。从中国传统文化来说,水是自然界中最基本的组成元素,其柔美的形象可以给人赏心悦目的感受。同时,"水立方"的立方体外形代表了"没有规矩不成方圆"的中国传统思想。并与拥有圆形外观的国家体育场"鸟巢"一同构成了"天圆地方"的整体结构布局。

从现代科技的角度来说,"水立方"采用的是膜结构,外观呈独特的水分子结构的几何形状。连接薄膜的钢质构件框架达三万余个,与外层薄膜构成的膜结构规模达到了世界之最。此外,自然通风、循环水系统以及高科技建筑材料的应用,都

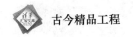

使得国家游泳中心彰显着现代科技的力量。

三、工程的结构布局

(一)室外外观

国家游泳中心的外立面结构为膜结构,使其外观呈现出独特的造型特点。

具体来说,整个外部共由 3 065 个气枕组成,为双层气枕结构,分内外三层。每个气枕的形状、尺寸各不相同,最小的面积为 1 平方米,最大的可以达到 70 平方米。所有的气枕可以达到的覆盖面积为 10 万平方米,而展开面积则可以达到 26 万平方米。气枕由三万余个钢制构件连接而成。

因此,国家游泳中心是世界上规模最大的膜结构工程,也是唯一一个完全由膜结构进行全封闭的大型公共建筑。

(二)场馆设施

1. 热身池

热身池为运动员提供了正式进入比赛大厅前进行热身的场所,分为深水区和浅水区。为保证池水达到安全卫生的标准,采用了以臭氧消毒为主、氯制剂为辅的消毒方式,并且通过臭氧消毒后的池水可以明显减少对人体的刺激。此外,整个热身池采用全空气系统,池岸温度稳定在 22℃～26℃之间,以及连接热身池与比赛池路面的舒适化处理,均为运动员充分营造了一个安全、舒适的赛前准备环境。

2. 奥林匹克比赛大厅

奥林匹克比赛大厅是国家游泳中心的中心区域,是举行各种与游泳相关的重要体育比赛场馆。大厅的建筑面积为 8 120 平方米,长、宽、高分别是 116 米、70 米、30 米。拥有两个游泳池和一个跳水池。池内的水温与大厅室内温度基本保持一致,使运动员保持身体舒适的状态,为其比赛时的稳定发挥创造了条件。此外,大厅提供了近 6 000 个可以观看比赛的席位。

3. 多功能大厅

"水立方"的多功能大厅位于其西侧的综合性功能区,建筑面积为 2 400 平方米,可以容纳1 000人左右。多功能大厅中配有网球场等体育设施,可以满足人们不同的体育需要。同时,大厅中摆放着各式的展览设施,创建了一个国家体育文化相互展示、交流、合作的广阔平台。

4. 嬉水乐园和水滴剧场

"水立方"中的嬉水乐园是一座室内水乐园,其规模和游乐设施达到了世界一流的水平,部分水上游乐设施甚至是首次展现于世人面前。在这里,人们可以与水立方零接触,体会美妙欢乐的水上奇妙旅程。

水滴剧场采用的是中国科学院激光研究所研发的尖端激光数字放映设备。在这里,观众可以体会到世界顶尖的电影放映艺术所带来的视觉享受。

5. 展览馆

在"水立方"中有各式的展览,向世人展示有关北京奥运会以及国家游泳中心的历史故事。

其中,探秘馆呈现了建设国家游泳中心的历史过程。"北京奥运会水立方游泳纪念展"回顾了中国游泳健儿的精彩比赛瞬间。

尤为值得一提的是,"水立方"是北京奥运会期间唯一一座由港澳台同胞、海外侨胞捐资建设的奥运场馆。"华人支持北京2008奥运会纪念展"展现了海内外儿女血浓于水的赤子之心,体现了炎黄子孙的拳拳之情。

6. 南北小楼及南广场

位于"水立方"南部、北部的小楼提供了可供人们休闲娱乐的场所,水吧、咖啡厅等配套设施一应俱全。其中,南小楼共有四层,北小楼共有三层。

南广场的主要功能是举办各种大型公关活动以及进行户外展览展示等。

四、工程的设计特点

(一)科技设计

在设计以及建造国家游泳中心的过程中,面临着一系列的技术难题。通过不断地创新设计、大量广泛应用科技材料和高新技术,工程人员不断攻克技术难关。

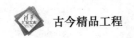

整个工程项目中,得到批准立项的科研项目达到十余个,此外还产生了有关项目的施工验收标准,以及大量的自主创新成果。

"水立方"的膜材料、钢结构,LED景观照明系统、能源回收系统、智能救生消防系统等都是科学技术应用的典型代表。以游泳池为例,将室外空气引入池水表面的设计、视觉和声音出发信号等技术的应用,使得这里可能是世界上游泳最快的地方。此外,确定运动员相对位置的光学装置、多角度三维图像放映系统等,可以为观众提供精准的观看效果。

(二)环保设计

在环保上,多种先进技术的应用使得国家游泳中心成为节能环保的优秀典范。目前,应用的环保设计主要有太阳能的利用、水资源的综合利用等。

具体来说,采用内外保温墙可以有效减少能量的损失;利用太阳能发电系统在减少能源消耗的同时,可以降低二氧化碳的排放;外立面的膜材料能够较长时间地利用自然光;废热、废水回收系统以及雨水收集系统可以对能源进行回收利用,提高了能源的利用率。

此外,在整个国家游泳中心还采用了大量的节水方案。例如,游泳池采用自动控制技术,可以提高净水系统运行效率,降低电力消耗。饮用水采用末端直饮水处理设备,有效避免二次污染和水的浪费。室外的绿地灌溉设备均在夜间进行,能够减少水的蒸发。

(三)声学设计

国家游泳中心外立面的薄膜气枕层数较多,内部填充有空气。加上气枕大小不同、厚薄不一,无疑给"水立方"的建筑声学带来了一系列的难题。并且泳池中的水面及周围地面均为硬质材料,会给声音造成大量的反射。

为了解决这一建筑声学难题,工程研究人员对薄膜气枕进行大量的模型测试,获得的精准的声学性能参数促使研究人员成功提出了有效的解决方案。即通过膜、板结合提高隔声性能,运用"声学大厅"控制混响时间,增大吸声面积,安装具有较高吸声性能的材料等。

(四)防雷抗震设计

与国家体育场类似,国家游泳中心采用的也是"笼式避雷网"式的传统防雷技术。"水立方"的地下是钢筋混凝土结构,与地上的钢网架通过焊接的钢筋连接,形成了一个统一的钢制整体,可以有效避免雷击情况的发生。

从外部看去,国家游泳中心的膜结构似乎难以达到抗震 8 级烈度的要求。实际上,整个"水立方"为钢筋混凝土结构。在支撑薄膜的钢结构中,共由 1.2 万个承重节点组成,可以均匀地分摊建筑的重量。这些结构足以使得国家游泳中心成为一名坚不可摧的钢铁战士。

五、工程的材料选用

膜结构建筑是 21 世纪一种全新的建筑形式,也是目前大跨度空间建筑的主要形式之一。其设计与建造的过程涵盖了建筑学、结构力学、材料科学、精细化工与计算机技术等多种学科。

国家游泳中心——"水立方"是世界上规模最大的膜结构工程,采用的是 ETFE 材料,即四氟乙烯材料。ETFE 膜是一种世界先进的节能环保材料,具有多重优点。首先,ETFE 膜是一种透明材料,在给人一种柔和美观的视觉享受的同时,可以为室内场馆带来更多的自然光,从而降低不必要的能源消耗。其次,该种材料具有较强的隔热、耐腐蚀、防雾防结露的功能,可以调节室内环境、避免不良环境的侵蚀。最后,具有一定自洁功能的膜材料可以避免薄膜表面沾染灰尘,并且通过自然降水就可以达到清洁薄膜的作用。同时,具有良好抗压性能的膜材料的修补方法也十分简单,只需在 8 小时以内就可以完成修复工作。此外,在 ETFE 材料的外面具有大量被称为"镀点"的白色亮点,能够改变光线方向,起到避光降温的作用。

薄膜的安装过程也较为简单、可操作。主要是通过电脑智能监控,将钢架结构上的充气管线充气,使之成为气枕。与此同时,根据当时的气压、光照等条件使气枕保持最佳的饱满状态。

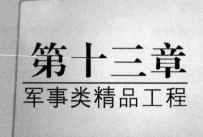

第十三章
军事类精品工程

第一节　AK-47 式突击步枪

一、工程的基本介绍

AK-47 式突击步枪是一种自动步枪,由苏联著名大师米哈伊尔·季莫费耶维奇·卡拉什尼科夫设计。AK-47 的英文全称是 Automatic Kalashnikov 1947 Rifle。其中,"A"指的是自动步枪的第一个字母,"K"指的是设计者的名字,"47"指的是枪支定型的年份。

AK-47 式突击步枪具有诸多优点,如制作工艺简单、购买价格适中,适合在多种情况尤其是极端恶劣的条件下使用。因此,AK-47 式突击步枪是军事历史上生产数量最多、仿造次数最多、军事效果最明显、使用范围最广的突击式枪支武器之一。截至目前,AK-47 式突击步枪的生产使用数量已经突破 2 亿支,先后有 53 个国家将其作为基本的军队装备,有 5 个国家将其作为军徽的组成元素。

AK-47 式突击步枪位列 20 世纪"世界六大名枪"之首,并且享有"世界枪王"的赞誉。作为一种军事文化符号,AK-47 式突击步枪的香蕉形弹匣更是一种死亡的标志。因其发明对世界军事历史甚至是人类发展历程产生了深远的影响,因此,AK-47 式突击步枪与同样来自苏联的 RPG 火箭筒一同被世人称作是"二十世纪人类武装力量的象征"。2004 年,《花花公子》杂志将 AK-47 式突击步枪列入"改变世界的 50 件产品"中。

二、工程的结构特点

AK-47 式突击步枪在结构上属于自动(半自动)步枪,共有固定式木制枪和折叠式金属枪两种类型,适用于基础部队以及精锐部队使用,相应的有固定枪托与折叠枪托与之相匹配。

AK-47 式突击步枪的枪身较为短小。机匣的制作采用的是锻件机加工的方法,并与枪管连接。弹匣的制作材料采用的是轻质金属。突击步枪的瞄准装置属于机械瞄准具,且在柱形准星和表尺 U 形缺口照门装置中均安装了可翻转附件,并备有夜间可视功能。

AK-47 式突击步枪的原理为导气式自动原理,即枪支上方的导气管利用活塞推动整个枪机的运动。同时,突击步枪采用击锤回转式击发机构,且击发机构直接控制击锤。其中,枪支击发机构的基本组成部分主要包括机框、扳机、击锤、快慢机、单发杠杆、不到位保险、阻铁等。保险和快慢机柄位于突击步枪机匣的右侧,可以在半自动或全自动两种不同的发射方式中进行自由选择,实施单发、连发射击。与此同时,可在实际条件下形成前方、后方保险。

AK-47 式突击步枪的射击距离在 300 米左右,适合于近战战斗和突击作战。突击步枪具有诸多优点,结构简单、精度较高、火力较大。值得一提的是,在实际操作性能中,AK-47 式突击步枪操作简便、结实耐用,尤其是在高温或低温等极端恶劣的条件下仍具有动作可靠的特点,且特殊的枪支结构使得枪膛较少产生因污染而导致的卡壳现象。因此,良好的勤务性与较低的设备故障率使得 AK-47 式突击步枪具有广泛的使用基础。

三、工程的基本规格

AK-47 式突击步枪及其枪弹的主要规格参数如表 13-1 和表 13-2 所示。

表 13-1　AK-47 式突击步枪规格参数

综　述	类型	半自动或全自动突击步枪、自动步枪		
	原理	导气式选择性射击	方式	枪机回转闭锁
基本规格	重量	4.30kg(空枪)		
	长度	870 mm(固定枪托型)、699mm(通用型)、645 mm(折叠枪托型)		
主要参数	枪管长度	415 mm	瞄准基线	378 mm
	口径	7.62 mm	弹药	7.62mm×39mm
	弹匣	30 发	膛线	4 条(右旋)
发射参数	射速	600 发/分	瞄准具	柱状准星
	枪口动能	1989 J	枪口初速	710m/s
	表尺射程	800m	有效射程	300m～350m

表 13-2　枪弹规格参数

综　述	名　称	M1943 中间威力步枪弹				
主要参数	全弹质量	16.40g		弹头质量	7.91g	
	弹壳全长	56mm	弹头长度	26.80mm	弹壳长度	38.70mm
	最大直径	11.35mm				
发射参数	发射基药	单气孔管状单基药		装药质量	1.60g	
	底火样式	伯尔丹式无锈蚀底火		平均膛压	274.40MPa	

四、工程的主要系列

AK-47 式突击步枪的标准型于 1949 年定型并投入生产和使用,主要适用于机械化步兵。此后,为了适用于更多不同场合,在 AK-47 式突击步枪的基础上产生了其他系列类型。

(一)AKC-74Y

AKC-74Y 是设计师卡拉什尼科夫首次在 AK-47 式突击步枪的基础上改进形成的第一部枪支,又名 AKS-74U,于 1974 年定型并投入生产。

AKC-74Y 拥有较小的枪支口径,主要适用于发射直径 5.45 毫米的枪弹。与AK-47 式突击步枪相比,AKC-74Y 的改进主要集中在枪管的长度、膛线缠度及形状、自动机和供弹机构,但枪支的部分零件与 AK-74 仍可通用。

（二）AKM

AKM 具有较轻的枪体重量，约为 3.15 千克。主要是因为制造零部件的工艺采用冲压、焊接工艺，且在制造机匣的过程中摒弃机加工艺而采用冲压工艺。因此，AKM 具有较低的生产成本，可以满足大量生产的实际需求。

同时，为了避免击针打击子弹底火时发生哑火现象，AKM 的扳机结构中增加了击锤减速装置。此外，枪口增加的斜切口形枪口防跳器可以提高连发射击的精度，且斜切口的枪口可以作为枪口制退器使用。因此，AKM 具有较低的设备故障率。

（三）RPK

RPK 作为一种新型班用轻机枪，其研制主要基于 AKM 式突击步枪。

RPK 主要采用延长型枪管与折叠型两（或三）脚架，可以同时进行 40 发弹匣和 75 发弹鼓供弹。

五、工程的研制过程

1944 年，设计师卡拉什尼科夫首先研制了用于发射 M1943 式中间型威力枪弹的半自动卡宾枪。枪支的发射原理采用导气式自动原理，闭锁方式采用枪机回转式。同时，对枪支的旋转机头进行改进。通过较长的旋转机头，达到更快的旋转速度和更可靠的闭锁动作。

1946 年，卡拉什尼科夫开始在之前半自动卡宾枪的基础上设计全自动步枪——AK-46。枪支的机匣采用冲压铆接工艺，并将连发阻铁固定在扳机上，具有单发和全自动两种发射机构。

之后，在半自动卡宾枪和 AK-46 式自动步枪的基础上，通过对闭锁机构的进一步改进，AK-47 式突击步枪得以研制成功。在 AK-47 式突击步枪的实际使用中，其可靠的闭锁系统被世人称为卡拉什尼科夫系统。

（一）AK-47 试验型

AK-47 型 1 号试验枪具有与 AK-46 相同的工作原理。但区别在于首次利用螺杆将活塞、活塞杆和枪机体固定；首次在机匣右侧安置保险及快慢机柄；通过冲

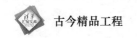

压成形的机匣前部与枪管固定;导气室取消了调节装置。

AK-47型2号试验枪主要是对导气室、活塞、活塞杆进行改进。具体来说,延长导气孔,增加导气室的火药燃气,以及位于导气筒与枪管之间的泄气孔,活塞杆设置四条凹槽,枪口制退器为双室结构。

AK-47型3号试验枪主要是对导气室进行改进,即导气室内部的圆柱形导气活塞处于全密封状态,且活塞杆具有四条凹槽。同时,枪支采用了新型的枪口制退器。

(二)AK-47 第 1 型

1949年,AK-47式突击步枪第1型定型并投入实际的生产与使用。

枪支的制造大多采用冲压工艺,具有生产成本低、生产效率高的特点。同时,枪支结构中没有配置刺刀。

(三)AK-47 第 2 型

1951年,AK-47式突击步枪第2型定型并投入实际的生产与使用。

枪支的制造采用的是械铣削机加生产方式,具有结实耐用的优点,但不可避免的有枪支重量大、生产成本高、生产效率低等一些缺点。同时,对发射机构、枪托和握把进行牢固度强化,且枪支结构中配置了单刃刺刀。

(四)AK-47 第 3 型

1953年,AK-47式突击步枪第3型定型并投入实际的生产与使用。

枪支的制造虽仍然采用机械加工的方法,但对其操作过程进行了简化,使其具有更轻的枪身重量,并达到大量生产的目的。同时,弹匣以轻金属为主要材料,提高了强度。此外,对枪托连接方式进行简化和加固,并改进了连接方式。

六、工程的不足之处

虽然 AK-47 式突击步枪在制造和使用上具有诸多优点,但因其定型较早,在后期的实际性能中也不可避免地产生一些不足。

具体来说,枪支因发射子弹而产生较大的后坐力,使得枪口产生严重的上跳现象,射击的精确程度严重下降。这种现象在连续连发射击时体现得更为明显,无法保证 300 米以上的准确射击。同时,因较小的枪管缠距导致枪弹撞击目标时过于稳定,因此,枪支的实际军事效果有限,且瞄准具仅具有高低校正功能,不具有通过风偏进行修正的能力。此外,相较于目前小口径步枪,较重的 AK－47 式突击步枪,不利于携带;且较远的抛壳距离,易暴露射手的实际具体位置。

第二节　长　　城

一、工程的基本介绍

在中国北方广袤的土地上,坐落着一项伟大的中国古代军事防御工程——长城。长城气势浩荡、蜿蜒起伏,东西走向共计上万华里,因而又被世人称为"万里长城"。

作为一项军事工程,长城的修建目的主要用于抵御中国古代北部匈奴、东胡等游牧部落的入侵。从公元前 7 世纪的战国时期开始修筑,到后期经过历朝历代二十余个诸侯国家和封建王朝的不断修建完善,整个长城的修建过程前后持续了两千多年,长度共计 21 196.18 千米。

长城是迄今为止工程量最大、修建时间最长的一项古代军事防御工程,不仅具有一定的军事价值和历史意义,同样具有无与伦比的艺术价值。因此,长城是中国古代劳动人民集体智慧的结晶,彰显着中国古代军事工程的卓越成就。

长城与埃及金字塔、古罗马斗兽场等并称为古代世界八大奇迹。1987 年,联合国教科文组织将长城列入世界文化遗产名录。

二、工程的结构布局

(一)地理分布

两千多年以来,历朝历代修建的长城长度总计达到 21 196.18 千米,包括墙体、壕堑、关堡、单体建筑和相关设施等多种结构单元,主要分布在中国北方的北京、天津、河北、山西、内蒙古、辽宁、吉林、黑龙江、山东、河南、陕西、甘肃、青海等

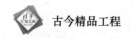

15 个省、市、自治区。

历史上，前后共有三个朝代修建的长城的长度在 5 000 千米以上。分别是：西起临洮，东至辽东的秦朝长城；西起河西走廊，东至辽东的汉朝长城；以及西起嘉峪关，东至鸭绿江的明朝长城。

值得指出的是，中国早期修筑的长城因年代久远，至今早已因毁损严重而残缺不全。目前，保存较为完整的是明代修建的长城。明长城自东向西经过辽宁、河北、天津、北京、山西、内蒙古、陕西、宁夏、甘肃、青海十个省、市、自治区的 156 个县域，长度总计为 8 851.8 千米，经过壕堑 359.7 千米、自然天险 2 232.5 千米。

（二）主要结构

中国古代的长城最早修建于战国时期的燕国、赵国，其修建的理念主要是巧妙利用山川形势险要。

作为军事防御的主要结构，高大厚重的城墙墙体主要位于平原地区，其作用是有效拦截阻断古代北方游牧民族骑兵的进出之路。城墙的平均高度为 7.8 米，最高处达 14 米。城墙之间的平均宽度为 6.5 米，可以保证两辆马车顺利通行。

烽火台主要坐落在山川内外的制高点，其目的是进行敌情的侦查和军事讯息的快速传递。障城一般位于交通路口和谷口，常年有军队驻扎。此外，在长城以内，每隔一段距离，都修建大城。大城内部设有驻军，并配备用于传递信息的通信网，使得长城内外的军事体系得以有效连接，大大加强了作战指挥能力以及军事防御能力。

战国早期的燕、赵长城及其墙体、烽火台、障城等配套结构设施，一起构成了一套完整的中国古代军事防御系统。这套科学有效的军事防御系统不仅成功地阻止了北方游牧部落的入侵，也成为后朝各代对长城继承发展的重要参考基础。

例如，秦朝在前人基础上，注意取长补短。在修建长城时，以山脊、峰峦为城，使敌军无法通过；以河流为屏障，阻断了敌军的水源。同时，将前期修建的各段长城联结成一个统一的整体，大大增强了长城的军事防御能力。此外，也增加了烽火台、障城等配套结构设施的数量。

三、工程的建构方法

（一）修建理念

长城的主要修建理念是"因地形，用险制塞"，这也是后期历朝历代在修建长城时所秉持的不变原则。

具体来说,烽火台主要修建在山势险峻之处。关城隘口则主要位于峡谷之间或河流转折之处,这样不仅可以控制险要地方,也能够有效节约建筑材料和军队人力。而城墙的修建更是因地制宜的成功典范,大多数的城墙修建于山岭的脊背上。城墙的高度随着山势的变化而不断改变,山势险要地方的城墙较低,山势平坦地方的城墙则较高。有的城墙从外侧看来异常险峻,实则内侧为一片平缓的地域,有效达到了"易守难攻"的军事效果。甚至有一种长城将悬崖峭壁稍加改进即为墙体,被称为山险墙或劈山墙。

(二)构筑方法

长城的修建所用的材料主要是青石砖瓦,从砖瓦的烧制到搬运,再到最后的构筑,均有着一套科学严谨的施工体系。

尺寸相同的修建材料砖瓦的体积较小、重量不大,大大方便了施工过程中的人工搬运和修建工作,有效节约了工人的体力,提高了作业效率和施工水平。

长城的墙体由外檐墙和内檐墙组成,二者内部以碎石泥土填充。其中,需要对外檐墙进行一定的收分工作,以达到增加下部墙体宽度、稳固墙体的目的;而内檐墙则为上下统一厚度的墙体,无明显的收分工作。城墙的构筑方法主要有砖砌、石砌以及砖石混合砌。此外,根据不同的地势条件和气候环境,土坯垒砌、版筑夯土、条石泥土连接法也被综合运用到长城的修建过程中。例如,山势平缓时,砖块与地势相互平行;山势陡峭时,通常使用水平跌落法进行墙体的构筑。

四、工程的军事意义

作为一项伟大的军事工程,长城军事防御作用的实现并非靠的是简单的一线城墙,而是包括城墙、烽火台、障城等配套结构设施以及沿线的隘口、军堡、重镇等在一起的,一道由点及线、由线及面的科学完备的网络式军事防御系统。系统内部的各个要素既可以独自发挥作用,也可以相互配合,形成相互作用的有机体系,大大增强其战斗、指挥、观察、通信、隐蔽等多种功能的综合军事能力。

长城的军事功能并非一种被动的抵抗,而是一种积极的防御,更是一种厚积薄发的进取谋略。即使敌军积聚力量攻破某个关卡,整个网络式的防御系统仍将使入侵者面临伏击的危险,并且有效阻断了入侵者的粮草供给,使得敌军连连溃败。

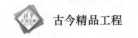

五、工程的主要代表

(一)战国长城

长城的修建始于两千多年以前的战国时期,因年代久远,多数早期长城已经只剩下残垣断壁了。其中,齐长城是为数不多的世界上现存最古老、保存较完整的中国古代长城。

齐长城是战国时期的齐国在平阴构筑的一道军事防御工程,西起今济南市,东至今青岛市,横穿整个山东半岛共计 1 000 多千米,距今已有 2 500 多年的历史。

(二)唐长城

唐长城主要是指唐朝时期为防御北方黑水靺鞨游牧民族而修建的牡丹江边墙。

牡丹江边墙长约 100 千米,共由三段组成。其中,一段工程全长 50 千米;二段工程全长 30 千米,位于宁安江东段;三段工程全长 20 千米,位于镜泊湖畔。

(三)明长城

1. 八达岭长城

八达岭长城位于中国首都北京市延庆县境内,城墙全长 3 741 米。其地理位置险要,历来是兵家必争之地,史称天下九塞之一,同时也是明长城中最具代表性的一段,被誉为万里长城的精华所在。

1984 年,在邓小平同志"爱我中华,修我长城"的大力倡议下,对八达岭长城进行一系列的修缮工作。

2. 居庸关长城

居庸关长城位于中国首都北京市西北郊外的关沟峡谷之中。其地理位置十分重要,有"天下第一雄关"的称号。居庸关长城建筑规模宏大,长城内外风景宜人,加之博大的文化底蕴,堪称中国万里长城建设之最,同时享有"燕山八景"之首的美誉。

3. 嘉峪关长城

嘉峪关长城修建于公元 1372 年,属于明长城西端的起点。

嘉峪关城关是目前保存最为完整的一座城关,也是河西第一隘口,丝绸之路的重要一站。整个城关呈平面梯形,面积三万余平方米,城墙长度总计 733 米,高 11.7 米。关城结构上主要由内城、外城和城壕三部分组成,外城由砖石构筑,内城则以黄土夯构。登关楼远眺,可以饱览壮阔的塞外风光。

4. 山海关长城

山海关长城位于长城的入海处,全长 26 千米,主要包括:老龙头长城、南翼长城、北翼长城、角山长城、关城长城、三道关长城、九门口长城等。其中,老龙头长城位于长城入海的始端,享有"中华之魂"的赞誉。

5. 司马台长城

司马台长城位于中国首都北京市密云县东北部,东起望京楼,西至后川口,全长 5.4 千米。长城设计精巧,兼具"险、密、奇、巧、全"五大特点,是中国唯一一座保留明代原貌的古建筑遗址。

6. 古北口长城

古北口长城是中国最完整的长城体系,由北齐长城和明长城组成,包括卧虎山、蟠龙山、金山岭和司马台四个城段。古北口是山海关与居庸关之间的要塞,为中原之地的进出咽喉,在此修建长城的意义可见一斑。

参考文献

[1] L·布希亚瑞利. 工程哲学[M]. 沈阳:辽宁人民出版社,2008.

[2] 郑文新,李献涛. 工程管理概论[M]. 北京:北京大学出版社,2012.

[3] 王凤宝. 建设工程施工管理[M]. 武汉:华中科技大学出版社,2010.

[4] 高宝钦. 优质工程施工管理与控制[M]. 武汉:武汉理工大学出版社,2010.

[5] B. S. Dhillon, PH. D. , P. E. Engineering Management[M]. Technomic Publishing COMPA-NY,INC, 1987.

[6] 华业. 建筑科学故事总动员[M]. 北京:石油工业出版社,2010.

[7] 顾勇新. 建筑精品工程实例[M]. 北京:中国建筑工业出版社,2005.

[8] 顾勇新,王有为. 建筑精品工程实施指南[M]. 北京:中国建筑工业出版社,2002.

[9] 王来地. 精品工程施工与管理实录[M]. 北京:中国电力出版社,2007.

[10] 中国勘察设计协会. 中国工程勘察设计50年(第8卷)工程勘察设计精品卷[M]. 北京:中国建筑工业出版社,2006.

[11] 罗尉宣. 中国世界遗产大观 英汉对照 自然与文化双遗产类/山川、古代工程类[M]. 长沙:湖南地图出版社;湖南文艺出版社,2004.

[12] 林可,柳正恒. 中国世界自然与文化遗产旅游(第4辑)山岳、古代工程类[M]. 长沙:湖南地图出版社,2002.

[13] 陈福民. 中华五千年发明发现 古代技术·交通·军事·医药卫生·著名工程[M]. 昆明:晨光出版社,1999.

[14] T. Archbold J. C. Laidlaw, J. Mckechnie. Engineering research centre:a world directory of organizations and programme[M]. LONGMAN.

[15] Lawrence H. Berlow. The reference guide to famous engineering landmarks of the world:

bridges，tunnels，dams，roads，and other structures[M]. Oryx Press，1998.

[16] （英）安德逊，（英）特里格. 世界工程勘察史例[M]. 王德林，卓明葆，译. 北京：地质出版社，1986.

[17] 杨臣勋. 世界工程奇迹[M]. 中国科学图书仪器公司，1942.

[18] （英）克里斯·斯卡尔. 世界古代 70 大奇迹 伟大建筑及其建造过程[M]. 吉生，等，译. 桂林：漓江出版社，2001.

[19] 沈志坚. 世界著名大工程[M]. 上海：言行出版社，1941.

[20] 唐寰澄. 世界著名海峡交通工程[M]. 北京：中国铁道出版社，2004.

[21] 李祥勋. 精品工程的策划与实施[J]. 城市建筑，2013(6).

[22] 王利. 重大精品工程引领"引进来、走出去"[J]. 出版广角，2013(6).

[23] 范小青. 试论精品工程的创建[J]. 经济师，2013(7).

[24] 李良俊. 谈精品工程[J]. 工程质量，2013(4).

[25] 约翰·费莱彻. 中国大型建设项目的质量管理和项目管理：国际著名工程管理专家谈成功建设高质量项目的关键因素[J]. 化工建设工程，2001(2).

[26] 何继善. 中国古代工程建筑特色与管理思想[J]. 中国工程科学，2013(10).

[27] 何成旗，赵君华. 我国古代工程建设中的项目管理思想[J]. 煤炭工程，2011(S2).

[28] 密德尔敦施密土. 中国古代工程说[J]. 王怀曾，汪胡桢，译. 中华工程师学会会报，1920(8).

[29] 范旭东. 中国古代工程的创造和近时工程师的表现[J]. 工程（中国工程学会会刊），1933(1).

[30] 世界五个著名超高层建筑工程实例[J]. 广东建设信息，2006(12).

[31] 季姿. 世界著名的大型水利工程[J]. 半月谈，2003(12).

[32] Makarand Hastak. Special issue on engineering management during the global recession and recovery[J]. Journal of Management in Engineering，2012，28(4).

[33] Smartt C D，Ferreira S. A systems engineering perspective on proposal management[J]. Systems Journal，IEEE，2012，6(4).

[34] Lars Bo Henriksen. Knowledge management and engineering practices：the case of knowledge management，problem solving and engineering practices[J]. Technovation，2001，21(9).

[35] Winston A W. Engineering management－a personal perspective[J]. Engineering Management，IEEE Transactions on，2004，51(4).

[36] Rubenstein A H. 50 years of engineering and technology management[J]. Engineering Management，IEEE Transactions on，2001，51(4).